"中国名门家风丛书"编委会

主　编：王志民

副主编：王钧林　　刘爱敏

编委会成员（以姓氏笔画为序）

于　青　　王志民　　王钧林

方国根　　刘爱敏　　辛广伟

陈亚明　　李之美　　黄书元

编辑主持：方国根　李之美

本册责编：郭彦辰

装帧设计：石笑梦

版式设计：汪　莹

中国名门家风丛书

王志民 主编 王钧林 刘爱敏 副主编

诸城刘氏家风

张其凤 屠音鞘 著

人民出版社

总　序

优良家风：一脉承传的育人之基

王志民

家风，是每个人生长的第一人文环境，优良家风是中华优秀传统文化的宝库，而文化世家的家风则是这座宝库中散落的璀璨明珠。

历史上，中国是一个传统的农业宗法制社会，建立在血缘、婚姻基础上的家族是社会构成的基本细胞，也是国家政权的基础和支柱。《孟子》有言："国之本在家，家之本在身"，所谓中华文明的发展、传承，家族文化是个重要的载体。要大力弘扬中华优秀传统文化，就不可不深入探讨、挖掘家族文化。而家风，是一个家族社会观、人生观、价值观的凝聚，是家族文化的灵魂。

以文化教育之兴而致世代显贵的文化世家，在中华文明

发展史上，是一个闪耀文化魅力之光的特殊群体。观其历程，先后经历了汉代经学世家、魏晋南北朝门阀士族、隋唐至清科举世家三个不同发展阶段。汉代重经学，经学世家以"遗子黄金满籝，不如教子一经"的信念，将"累世经学"与"累世公卿"融二为一，成为秦汉大一统之后民族文化经典的重要传承途径之一。魏晋南北朝是我国历史上一个分裂、割据，民族文化大交流、大融合时期，门阀士族以"九品中正制"为制度保障，不仅极大影响着政治、经济的发展，也是当时的文化及其人才聚集的中心所在。陈寅恪先生说：汉代以后，"学术中心移于家族，而家族复限于地域，故魏、晋、南北朝之学术宗教皆与家族、地域两点不可分离"。隋唐以后，实行科举考试，破除了门阀士族对文化的垄断，为普通知识分子开启了晋身仕途之门。明清时期，科举更成为唯一仕进之途。一个科举世家经由文化之兴、科举之荣、仕宦之显的奋斗过程，将世宦、世科、世学结合在了一起，成为政权保护、支持下的民族文化及其精神传承的重要节点连线。中国历史上的文化世家不仅记载着中华文化发展的历史轨迹，也积淀着中华民族生生不息的精神追求，是我们今天应该珍视的传统文化宝库。

分析、探究历史上文化世家的崛起、发展、兴盛，尤其是其持续数代乃至数百代久盛不衰的文化之因，择其要，则首推良好家风与优秀家学的传承。

优良家风既是一个文化世家兴盛之因，也是其永续发展之基。越是成功的家族，越是注重优良家风的培育与传承，越是注重优良家风的传承，越能促进家族的永续繁荣发展，从而形成良性的循环往复。家风的传递，往往以儒家伦理纲常为主导，以家训、家规、家书为载体，以劝学、修身、孝亲为重点，以怀祖德、惠子孙为指向，成为一个家族内部的精神连线和传家珍宝，传达着先辈对后代的厚望和父祖对子孙的诚勉，也营造出一个家族人才辈出、科甲连第、簪缨相接的重要先天环境和文化土壤。

通观中国历代文化世家家风的特点，具体来看，也许各有特色，深入观其共性，无不首重两途：一是耕读立家。以农立家，以学兴家，以仕发家，以求家族的稳定与繁荣。劝学与励志，家风与家学，往往紧密结合在一起。文化世家首先是书香世家，良好的家风往往与成功的家学结合在一起。耕稼是养家之基，教育即兴家之本。"学而优则仕"，当耕、读、仕达到了有机统一，优良家风的社会价值即得到充分的显现。二是道德传家。道德为人伦之根，亦为修身之基。一个家族，名显当世，惠及子孙者，唯有道德。以德治家，家和万事兴；以德传家，代代受其益。而道德的核心理念就是落实好儒家的核心价值观：仁、义、礼、智、信。中国传统

知识分子的人生价值追求及国家的社会道德建设与家族家风的培育是直接紧密结合在一起的。家风是修身之本、齐家之要、治国之基。文化世家的优良家风积淀着丰厚的道德共识和治家智慧，是我们当今应该深入挖掘、阐释、弘扬的优秀传统文化宝藏。

20 世纪以来，中国社会发生了巨大的质性变化：文化世家存在的政治、经济、文化基础已经荡然无存，它们辉煌的业绩早已成为历史的记忆，其传承数代赖以昌隆盛邃的家风已随历史的发展飘忽而去。在中国由传统农业、农村社会加速向工业化、城市化转变的今天，我们还有没有必要去撞开记忆的大门，深入挖掘这一份珍贵的文化遗产呢？答案应该肯定的。习近平总书记曾经满含深情地指出："不忘历史，才能开辟未来；善于继承，才能善于创新。优秀传统文化是一个国家、一个民族传承和发展的根本，如果丢掉了，就割断了精神命脉。"优秀的传统家风文化，尤其是那些成功培育了一代代英才的文化世家的家风，积淀着一代代名人贤哲最深沉的精神追求和治家经验，是我们当今建设新型家庭、家风不可或缺的丰富文化营养。继承、创新、发展优良家风是我们当代人必须勇于开拓和承担的历史责任。

在中华各地域文化中，齐鲁文化有着特殊的地位与贡献。这里是中华文明最早的发源地之一，在被当代学者称

为中华文明"轴心时代"的春秋战国时期，这里是中国文化的"重心"所在。傅斯年先生指出："自春秋至王莽时，最上层的文化，只有一个重心，这一个重心，便是齐鲁。"（《夷夏东西说》）秦汉以后，中国的文化重心或入中原，或进关中，或迁江浙，或移燕赵，齐鲁的文化地位时有浮沉，但作为孔孟的故乡和儒家文化发源地，两千年来，齐鲁文化始终以"圣地"特有的文化影响力，为民族文化的传承、儒家思想的传播及中华民族精神家园的建设作出了其他地域难以替代的贡献。齐鲁文化的丰厚底蕴和历史传统，使齐鲁之地的文化世家在中国古代文化世家中更具有一种历史的典型性和代表性，深入挖掘和探索山东文化世家对研究中国历史上的文化世家即具有一种特殊的意义和重大价值。

自 2010 年年初，由我主持的重大科研攻关项目《山东文化世家研究书系》（以下简称《书系》）正式启动。该《书系》含书 28 种，共约 1000 万字，选取山东历史上的圣裔家族、经学世家、门阀士族、科举世家及特殊家族（苏禄王后裔、海源阁藏书楼家族等）五个不同类型家族展开了全方面探讨，并提出将家风、家学及其与文化名人培育的关系作为研究的重点，为新时期的家庭教育及家风建设提供历史的范例。该《书系》于 2013 年年底由中华书局出版后，在社会上、学术界都引起了较大反响。山东数家媒体对相关世家的家风

进行了追踪调查与深度报道，人们对那些历史上连续数代人才辈出、科甲连第的世家文化产生了浓厚的兴趣；对如何吸取历史上传统家风中丰富的文化滋养，培育新时期的好家风给予了更多的关注与反思。人民出版社的同志抓住机遇，就如何深入挖掘、大力弘扬文化世家中的优良家风，培育社会主义核心价值观，重构新时代家风问题，主动与我们共同研究《中国名门家风丛书》的编撰与出版事宜，在全体作者的共同努力下，经过一年多的努力，终于完成。

该《中国名门家风丛书》，从《书系》所研究的 28 个文化世家中选取了家风特色突出、名人效应显著、历史资料丰富、当代启迪深刻的家族共 11 家，着重从家风及家训等探讨入手，对家族兴盛之因、人才辈出之由、优良道德传承之路等进行深入挖掘，并注重立足当代，从历史现象的透析中去追寻那些对新时期家风建设有益的文化营养，相信这套丛书的出版会受到社会各界的关注与喜爱！

2015 年 9 月 28 日
于山东师范大学齐鲁文化研究院

目 录

前　言

　　从古到今，对所有人而言，家都是生命的第一站，是漂泊之后的温暖归所，尽管我们现在的生活跟古代已有了天壤之别。跟古人比，我们的家小了很多，甚至小到三口之家，古人的家却大大不同，十几口、几十口，甚至上百口的大家族，都是寻常可见的。

　　古代的世家望族远远不像我们现在的小家庭那么简单，真实的历史人物也与我们平时在书本上或荧屏上见到的有所不同。《宰相刘罗锅》的热播让大家都认识了那个幽默风趣、有点驼背的小老头。他智斗和珅、调侃乾隆的片段还历历在目。街坊里的传说唱了一折又一折，可是我们真的了解历史上那个真正的刘墉吗？他本人的史迹和背后的整个诸城刘氏家族，你又知道多少呢？

　　以诸城刘氏为例，你会真切地体会到什么叫作"诗书继

世，礼乐传家"。在这本可做信史看待的简明读本中，你可以随着刘墉的视角，身临其境地看到他的一个个家人，与他一同分享家族曾经的荣耀。穿过一个个历史片段，你甚至可以透视到一个朝代的兴衰。

诸城刘氏兴起于清初，到清中叶达到全盛，科举连捷，高官频出，文艺事功均有卓然建树，被公推为诸城望族之冠，清代山东世家之翘楚。刘统勋、刘墉父子先后入相，且都为贤相，刘统勋更是被称为百余年名臣第一，这在明清山东各世家中是绝无仅有的，即使放眼中国历史，也只有安徽六尺巷的张英、张廷玉父子可以与之媲美。刘氏在当时的政界享有非常高的地位与声望，自五世至十四世，有7人官至二品以上，3人官至一品，共拥有多达411人次（含封赠）的有品官衔和91人次（含封赠）的无品官衔。从有品官衔看，正一品14人次，从一品官衔40人次，正二品8人次，从二品36人次，即刘氏家族仅从二品以上的官衔就多达98人次。无品官衔的含金量比起有品官衔毫不逊色，其中包括在清代人臣中权力最大的军机大臣，人望甚高的上书房总师傅、四库全书馆正总裁、副总裁、三通馆总裁、国史馆正总裁、会典馆正总裁、玉牒馆副总裁、经筵讲官等职务。任万众瞩目的科举考试官共25人次，其中，刘棨1次、刘统勋11次、刘墉7次、刘塘1次、刘镮之5次。另外，诸城刘氏还有子弟担任提督学政 11 人次。而在皇帝离京时，只有社稷重臣才能承领的临时职务"留京办事大臣"，刘统勋、刘墉父子均曾担任过，刘统勋甚至曾经多次担任此项职务。

官当得多、当得高，还不够稀奇，最难能可贵的是，这个家族中在案可查的总共有二百多个人做过官，却没有一个是贪官，全部都能弘扬家风、清廉自持！整个家族都浸润在这种高贵品格的传习中，令人好不仰慕。

山东诸城刘氏不仅是一流的仕宦世家，从学术艺术角度来看，也足以彪炳史册，无愧于文化世家的美誉。刘统勋是清代历史上一流的水利名臣、一流的刑名名臣，刘墉书法堪称清代帖学之冠，刘奎为清代一流的瘟疫学家，刘喜海为近世钱币学的奠基人、一流的金石学家、大藏书家。刘氏后裔精通水利、刑名、书法、医学、金石学、版本目录学、诗学、史学、理学、文字学等学问，站上了多个领域的高峰。据不完全统计，刘氏子弟留下各类著作一百八十余部，另有参与主编、主持的大型丛书十几套，其中的《四库全书》、《清三通》均举世瞩目。刘统勋、刘墉父子为这些规模宏大的学术工程都作出了卓越的贡献。

这些实学或艺文成就，不仅是他们这些家族子弟自身奋斗的结果，也是刘氏家族教育成功的例证。在古代，越是有进取志向的世家望族，越是对子孙严格自律，那些贵胄少年被要求与寒门子弟一样，在幽僻的山庄耕读，衣食简朴，"读书汲古"，不得有不良嗜好。这才是我国古代所崇尚的君子养成之路，一个长久兴盛的世家所必须奠定的家教根基。这样教养出来的"富二代"、"官二代"才会有学问、有德行，成长为国之栋梁，而绝不会堕落成不学无术的纨绔子弟。

漫长的封建社会可以在一定层面上理解为"家天下"。"家"的各种秩序形态表现在社会生活的方方面面，比如皇帝称"天子"，地方官称"父母官"，结交朋友还会"称兄道弟"。在中国古代这样的宗法性社会当中，"家"的结构与运作模式直接关系到国家的安定。因此，古语有云，"齐家治国平天下"，这一观念至今深入人心。世家望族是一个地域政治、经济、文化发展的领头羊，对中国古代的社会变迁起着举足轻重的作用。凡成为世家的家族，一般都能提炼出一套有利于提高并巩固家族文化水平、政治地位的观念与模式，即我们通常所说的"家训"。诸城刘氏家族的家训，总的来看，有以下几点：清廉爱民，循良为吏；积德行善，宅心仁厚；刻苦向学，科举为重；虚心抑己，谋事深远；父严母慈，兄友弟恭，孝悌为本，意在睦宗；识才爱才，推贤黜佞；远离浮华，崇惇尚厚。

"旧时王谢堂前燕，飞入寻常百姓家"，尽管那些曾令人仰慕的世家望族也许已失去了昔日的光华，成为你我身边再普通不过的人家，但他们所讲述的那段傲岸峥嵘的辉煌岁月，仍然值得铭记，让我们对之给予崇高的敬意。当我们拿起手机问候霜染发际的父母高堂，学着曾经的他们，为孩子提供力所能及的最优良成长环境的时候，一种由"家"所带来的责任感满载心田。当在奋斗时心中充满无奈与困惑之际，你想从高人那里得到启示吗？请阅读下面的章节，你就会发现你在与古贤对话，而他们向你倾诉的一切，可能正是你所需要的。

一、刘罗锅有个什么样的家

（一）刘墉真的是罗锅吗

几乎所有的民间资料都告诉我们，刘墉就是家喻户晓的"刘罗锅"、"刘驼子"。随着电视剧的热播，刘罗锅的形象已经深入人心。但是，有不少人对此提出了疑问。在封建王朝，选官制度非常严格，尤其是选拔朝廷大员，事关朝廷颜面，不可丝毫马虎。自唐朝以来，选官就有"身、言、书、判"四条基本标准，其中第一条"身"就是指选出来的人必须体貌丰伟，仪表堂堂，否则有辱朝廷形象，难立官威。如果清廷果真选了一个驼子做宰相，岂不是不顾朝廷颜面吗？于是呢，就有许多人推测，刘墉并非罗锅，只是在他山东老家，其尊称"刘阁老"在当地方言中被念作"刘国老"，这"刘国老"与"刘锅腰"读音很近，一不小心，刘阁老便被

刘墉像

讹作"刘锅腰"了。"锅腰"就是"罗锅",因此,他才会被人戏称为"刘罗锅"。

那么,事实果真如此吗?刘墉究竟是不是驼子呢?想必所有关心刘墉事迹的人都对这个事抱有好奇心。

我们先来看一则史料。清代道光年间山东省济南府淄川人王培荀在其所著《乡园忆旧录》中直称刘墉"生来佝偻"。《庄子·达生》中讲的"佝偻者承蜩",其中"佝偻者"就是指的驼背老人。王培荀生活年代距刘墉在世时间不久,而且他又对发掘先贤的事迹非常热衷,在他这本书中对刘墉父子的嘉言懿行、趣闻轶事记载独多,内容多可采信。因此,他讲刘墉"生来佝偻"基本上是可信的。"佝偻"就是民间所讲的"罗锅"。可见,王培荀是说刘墉生来就是驼背的。

如果单凭这一点,我们还不敢贸然认定刘墉就是罗锅或驼背的话,那么刘墉的自述就应该更有说服力了。刘墉本人写过一首诗叫作《赠相者》,在这诗题里,"相者"是指给人相面的人。诗中有这样两句:"愧我支离形似鹤,笑渠落拓酒无钱。"在这被王培荀佩服为"自嘲见其高旷"的诗句中,刘墉自嘲自己的形体"支离形似鹤"。"支离"是"支离疏"的减省。"支离疏",我们知道是庄子寓言中所说形体不全的怪人。《庄子·人间世》中说:"支离疏者,颐隐于脐,肩高于顶,会撮指天,五管在上,两髀为胁,挫针治繲,足以

糊口；鼓策播精，足以食十人。上征武士，则支离（原文如此，由此可见刘墉诗中所云'支离'，确为'支离疏'。——作者注）攘臂而游于其间；上有大役，则支离以有常疾不受功；上与病者粟，则受三钟与十束薪。""颐"是下巴的意思，"颐隐于脐，肩高于顶"，就是说"支离疏"这个人下巴埋在肚脐眼，肩膀高于头顶。我们可以发挥一下想象力，这么样的一个人不就是一个特别典型的罗锅吗？既然刘墉以"支离疏"自况，他身有残疾、"生来佝偻"就特别容易理解了。不过，刘墉的驼背肯定不会像"支离疏"那样厉害，因为诗是讲究夸张的，而刘墉在此自嘲，正是用了这一种艺术手段。

如果刘墉不会像支离疏那样罗锅得可怕，那么刘墉的身体缺陷到底能到什么程度呢？我们认为，刘墉身体缺陷的程度仅是驼背驼得厉害一点而已，并不算严重的残疾。原因如下：

首先，开头已经提到，"身、言、书、判"自唐朝以来，就逐渐成为封建王朝选拔人才的重要标准。历朝历代对此可能略有调整，或尺度拿捏有松有紧，但大的方面不会有出入。虽然"身"即形体容貌对选官有很大影响，但只要真的才华过人，容貌或形体略有缺陷，大概还不至于影响到一位候选人的政治前程，因为在历朝历代都可以找出一些形体容

5

貌方面略有缺陷的官员。只要我们打开《二十五史》及其同时代的野史笔记，即不难发现这一点。因此，我们可以推断，刘墉身体的确存在缺陷，"生来佝偻"，但佝偻的程度绝不至于影响到朝廷颜面，否则，他的老爸——刚正无私的宰相刘统勋——也绝不会让自己的儿子坏了朝廷的规矩。

其次，我们从多幅清代画家笔下的刘墉画像来看，刘墉的形体与常人相比，也并没有太大的差异。

最后，1958 年，打着扩大耕种面积的旗号，山东省高密县注沟区方市社副社长薛成烈带领民兵挖了刘墉墓。现场民兵根据出土尸骸推测，刘墉的身高竟然高达一米九以上。以刘墉那样的身高，站在常人中间是非常突出的。刘墉是在 22 岁那年在山东中第五十四名举人后才离开老家赴京城参加进士考试的。而在那之前，他都要在老家那些十分低矮的平房里行走出入。22 岁，一个人的身高已经长成。在这种环境下，一个一米九出头的青年，行动必定大受限制。再加上刘墉刻苦用功饱读诗书，而非习拳练武，所以我们可以设想一下，一个身高惊人的青年后生天天埋首伏案，对形体美丑的后果没有太当回事，久而久之驼了背，也就顺理成章了。

当然，在刘墉的童年时代，还不存在缺钙、补钙这些概念，不可能采取针对性强的保健措施，因此他从小就患佝偻

病也是可能的。虽然不一定有预防，但在病情发作后像刘墉这样的世家望族还是有能力对其进行康复治疗的。从这个角度来看，刘墉即使早年患有佝偻病，也不至于落下严重的残疾。

结合以上几点，我们可以认识到，刘墉在民间被称为"罗锅"，并非说明刘墉的残疾真的到了那么严重的程度，只是跟常人比起来，尤其到了晚年，背驼得厉害一点而已。

（二）他家到底出了多少举人、进士

任何大家族在开创之初，都会经历一个筚路蓝缕的艰难创业阶段。刘家就是一个最为生动的例子。

明朝晚期，刘福带着儿子刘恒等迁至山东诸城逢戈庄，成为诸城刘氏的第一世。那时候，刘家家境萧寒，子弟以务农为生，无力读书，刘福、刘恒、刘玳三世没有任何科名。到了四世刘思智（字鉴宇）一辈，才开始有读书人，但层次很低，只是邑庠生而已。庠是古代州县所设立的学校，学生就叫庠生或生员。明清时期叫州县学为"邑庠"，所以学生就叫"邑庠生"，通俗的叫法，就是秀才。

刘家的这种状况直到刘思智之子刘通一代才开始转变。

刘通虽然与他父亲一样，也只是个邑庠生，但对刘氏整个家族所起的作用，是前几代人无法与之相比的。

刘通有一股不甘人下的倔强之气，这恰恰是世家开创者所必备的一种基本气质。清代山东人张贞在《杞田集》中有这样的记载，当时村子周边有一个土豪十分霸道，村人多受其压迫，唯独刘通不肯屈服。另外，刘通还克服了自己家庭条件的种种不足，为儿子刘必显的成才奠定了重要基础。据张贞讲，刘通在日常生活交游中，阅古今文字，一遇到由衷欣赏的，就抄录在旧纸上，或写在手掌、手臂等处，一回到家就让刘必显誊录下来诵读。如此日积月累，加上刘必显本人的刻苦攻读，他的学问遂逐渐宏富，在19岁以岁试第一的成绩成了庠生，在十四城中独占鳌头。在明朝天启四年（1624），刘必显25岁时，成为刘氏家族史上第一位举人。

刘必显是个很刻苦的人，他立志要考取进士，并不是为了功名利禄，而是为了启蒙后人，为后世子弟树立科举立家的楷模。于是，他虽然遭逢明末清初天下大乱的时局，几次险些丧命，又长年科场困顿，但却始终不废读书。终于，在中举的28年之后，清朝顺治九年（1652），刘必显以53岁高龄成为家族史上第一位进士。另外，刘必显的幼弟刘必大在不久后的顺治十七年（1660）也考中了举人。

我们知道，衡量一个家族科举质量最主要的指标就是进士的数量。因为只有进士才是最受社会重视，也是最容易步入政坛的新生力量。而举人以下的读书人，在人们心目中的地位和进士相比，大有云泥之别。

可以想见，到了六世刘必显一代，刘氏家族较之前已经有了根本性的提升——已初步显现了世家规模：一个进士、一个举人。紧接着，刘必显的四个儿子，进一步夯实了诸城刘氏世家的基础。长子刘桢，贡生，国子监学习结束时，考授从六品；次子刘果，顺治十一年（1654）举人，顺治十五年（1658）进士；三子刘棨，康熙十四年（1675）举人，康熙乙丑二十四年（1685）进士；四子刘棐，身份略低，是附监生。

由上可知，刘氏在前七世共有3个进士、4个举人（含3个进士）、2个监生（含1个贡生）、2个邑庠生。对于一个传承七世的家族而言，科名数量显然不多，但我们却不能小觑刘氏所获的这些功名。诸城刘氏正是借助科举上的初步成功，开始转换布衣门庭，进入政界，并且依靠自身品行广泛获取社会赞誉的。由农而学，学而优则仕，刘家所走的这条道路能折射出许多古代望族的家族史。

有了以上七世的铺垫，刘氏家族进入了鼎盛期，即八世、九世、十世这三代。这个时期，刘氏家风已然成熟，科名数量、质量都有了大幅度的提高，德才兼备之人层出不

穷，将刘氏家族推向了全国一流世家的高度。

七世刘棨，也就是刘必显的三儿子，名相刘墉的亲爷爷。刘棨有十个儿子，个个都是有才之士，故有"十子成才"之说。他的十个儿子中，出了八个举人，这八个举人中又有三位中了进士。其中最为人所知的就是刘墉的父亲刘统勋，官至军机大臣、东阁大学士，是诸城刘氏家族中政绩最为显赫的一代名相。刘统勋一代，共有进士3人、举人12人（含进士3人）、监生4人（含贡生1人）、庠生1人。一代科名的数量和质量就超过了之前七世的总和！这是何等的成就！当我们在后面讨论刘氏家族的家教方法时，或许就能更好地理解这一代人爆炸式成才的原因。

接下来的九世这一代就是我们所熟知的刘罗锅这一代了。有了父辈的成功案例，他们再接再厉，延续着家族的科举盛况。这一代，共有进士3人、举人15人（含进士3人）、监生35人（含贡生6人）、庠生5人。跟他们父辈相比，可谓青出于蓝而胜于蓝。刘罗锅作为他们这一代人中的佼佼者，以为官清廉著称，官拜体仁阁大学士，后来又辅佐嘉庆皇帝除掉和珅，安定政局，终成一代名相。

刘氏十世虽然依旧获得了很大成功，但与前两世相比，已经显露出了世家衰落的迹象。这一代共有进士1人、举人3人（含进士1人）、监生48人（含贡生6人）、庠生15人。

其中仕途走得最远的就是刘墉的侄子刘镮之。他做到兵部、户部、吏部的尚书，被授为光禄大夫，官至正一品。

诸城刘氏鼎盛期的科举情况与其他时期相比，不仅量大，而且质优。这就为诸城刘氏子弟的仕宦铺平了前进的道路，为诸城刘氏登顶清王朝臣位之尊、建立不朽功业，奠定了重要基础。刘统勋、刘墉、刘镮之均官至正一品，又分别得谥为"文正"、"文清"、"文恭"，成就了诸城刘氏"三世一品、两代名相、三辈得谥"的佳话。诸城刘氏后人因此尊称三位为三公。刘氏祠堂供奉的先人像就是他们三位的画像。

十一世、十二世、十三世是诸城刘氏的衰落期。在这三世期间刘氏家族总共只考中 1 名进士，举人也降至 8 人（含进士 1 人），监生反而多了，多至 60 人（含贡生 4 人），庠生 36 人。虽然科名数量比奠基期多，但在质量上的下滑却是再明显不过的事实。刘氏衰落期仅有一名进士，而这位进士刘泌不仅少有政绩，而且极其孱弱，年龄不大就早早弃世了。诸城刘氏衰落期，只有秉承祖荫的刘喜海在学界产生了很大影响。在身为从二品布政使的刘喜海被陷害罢官之后，刘氏家族基本就退出了政治舞台。

总的来说，诸城刘氏共有 11 人中进士、举人 42 人（含11 进士）、监生 149 人（含 18 贡生）、庠生 59 人，共计 261个科名，可谓繁花似锦。要知道，逄戈庄刘氏从始祖刘福到十三世，族谱所载男丁就只有 822 人，科名数占总人口比例为 31.75%。而在诸城刘氏鼎盛期，即八世、九世、十世，共有进士 7 人、举人 30 人（含进士 7 人）、监生 87 人（含贡生 13 人）、庠生 21 人，共 145 个科名。而诸城刘氏八世至十世，谱载总人数仅为 235 人，科名数占同时期人口总数 61.7%。这是一个很惊人的数据，因为这意味着，鼎盛期的刘氏家族不到两个人就拥有一个科名。

回顾刘家科举的历史，就能大致领略他们家族的兴衰变迁。从前三世的贫困务农无力读书，到刘统勋、刘墉官居宰相，再到十三世无奈没落，科举上的成就和刘家的兴衰紧密地联系在一起。而从中我们也不难发现，刘家兴衰跟清王朝的兴衰竟是惊人地同步。刘果、刘棨兄弟在康熙年间施展才华，刘统勋、刘墉在乾隆年间大放异彩，之后刘喜海在道光年间被迫去官。历史值得深味，哲人说，从一粒沙子就能看见一个世界。考察这个清朝顶尖世家的风云变迁，也可以在一定程度上窥见清王朝兴衰的历史秘密。

（三）刘家人做了哪些学问

前面我们已经知道了刘家是个科举世家，几代人酝酿出了刻苦攻读、博闻饱学的惇厚门风。我们可以想象，如果我们身在这样的家庭，那必然是每天沉浸在说古论今、联诗作对的学术氛围之中。刘氏子弟们在学问上彼此较短长，查漏补缺，共同进步，才有了后来的科举盛况。

这样的学风能成就科举功名，也自然而然能造就出真正踏踏实实做学问的人。

的确，用"踏踏实实"来形容刘家的治学之风是比较恰当的。我们已经知道，刘家出身于农民，与大地的联系最为紧密。刘家人做学问，做的是实学，讲究一个"经世致用"，认为学术研究的目的是有益于世道，倡导亲身习行践履。

总体上来说，刘氏以理学立家，儒家思想是其家族成员的基本思想。其中，宋明理学的影响是最重大的，服膺宋学、推崇宋学是前九世刘氏子弟的共同特点。譬如刘墉的爷爷刘棨就特别喜欢读宋人的著作。据清李元度辑《国朝先正事略》记载，他在官务繁忙的时候，只要一有空闲，就喜欢翻阅宋儒之书，还说："吾每读此等书，转觉有味。"在他的影响下，刘墉的父亲刘统勋同样推崇宋学，可以说其学有自，传承有序。

在这里有必要简要介绍一下宋学与汉学。在学术形态、学术取向、治学方法等方面两者确有很大不同。简而言之，宋学是义理之学，而汉学是章句之学，其主要的、基本的区别就在于：汉儒治经，从章句训诂方面入手，也就是从细微处入手，来理解经典的含义；而宋儒则摆脱了汉儒章句之学的束缚，从经的要旨、大义、义理之所在入手，也就是着眼于宏大处，以达到通经的目的。汉学偏重于训诂考据，而宋学偏重于义理阐发。两者做好了，皆能成大家，做不好，也都有其流弊。治宋学如果妄发议论，大肆疑古惑经，就失之空疏；治汉学如果拘泥不化，一味埋首考据，就失之细碎。只有通达地去看待，知行合一，才是最高明的治学方法。

汉学的治学方法和态度在清朝中期非常盛行，清儒们在考据学上的成就非常之高。这也是有其深刻的历史原因的。我们都知道，清政府为了更好地进行思想统治，不惜大兴文字狱。尤其是乾隆时期，文字狱多达130多起。这就足以让当时的知识分子畏惧惶恐，不敢多发议论，转而埋首于训诂考据。乾隆朝《四库全书》的编纂就是由汉学占据主导地位的。不过有趣的是，《四库全书》最初的总裁官却不是别人，正是深受宋学熏陶的刘统勋。这位偏重宋学、崇尚圣人大义的人有着博大的心胸，并不因为纪晓岚等人偏重汉学就加以排斥，反而举荐了大批这样的人才来担任《四库全书》的编纂工作。

后来，到了刘墉负责编纂《四库全书》时，与纪晓岚等推崇汉学的学者过从甚密，虽然刘墉在给老家兄弟信中对晚辈中究心于辞章者十分不满，并对其劝解，但毕竟汉学风气已对刘氏子弟潜移默化，浸淫日久，使其家学风气无形中开始向汉学倾斜。到了十一世刘喜海之时，酷爱鉴藏考证的他，所使用的方法已是彻头彻尾的汉学方法。于是，刘氏家族的学风便形成了一个重大转变，即先宋后汉。但也正因如此，刘氏后人埋首考据，读书时不再追求经世致用，对世事关注渐少，便再也无力在政治上一展拳脚。

务实的学风深刻地影响了刘氏家族。强调做学问的人要能干实事，有用于世，借助所学来解决社会危机，这才是鼎盛时期刘氏子弟读书治学的宗旨，他们所获得的成就也深刻地反映出了这个理念。

刘氏家族在水利学上的成就达到了清朝的顶峰。我国自古以农业立国，水利对中国社会政治、经济、文化、社会生活等方面具有非常重要的影响。历代统治者都会把水利置于极其重要的地位。康熙十六年（1677），康熙皇帝任命靳辅为河督时，曾把"三藩、河务、漕运"列为三大事，书于宫中柱上，以时时提醒自己。而其中的两项，"河务"、"漕运"，均归于水利。乾隆皇帝自以为文治武功盖世，但客观而言其真正业绩还是体现在水利与军事两个大项上。诸城刘氏在七世以前，在水利方面似乎还没有什么值得注意的作为。但自八世开始，却突然与水利多了许多关联。先是刘统勋的三兄刘绶烺在水利工程上有了一定程度的作为，受到时人好评。然后是刘统勋、刘纯炜皆创下辉煌业绩。至九世刘墉、刘塼、刘臻、刘界、刘炯、刘垲等，形成了诸城刘氏家族史上第二次有关水利实务的波澜。当然，刘氏家族在水利方面的业绩以刘统勋最为突出，不仅如此，在整个清代水利史上他都是具有一流影响的人物。

那么，我们在这里就来重点说说刘统勋的水利学成就。

刘统勋的政绩虽然绝非水利一域所能概括，但水利方面的政绩，确是他最突出的政绩之一。在《清高宗实录》中，刘统勋的名字总共出现过814次，频率惊人。而因水利被提到的比例占到四分之一。从统计数字上看，水利在刘统勋的政绩中所占比重很大。自乾隆元年（1736）十月，乾隆命其随大学士嵇曾筠学习海塘、河道工程事务，到乾隆三十四年（1769）最后一次出差漕运事务，刘统勋在此三十多年的时间里，将大量的精力投入到乾隆时期的海塘、赈务、河工、漕运、水利法规、水利各项制度建设以及革除河工诸多弊端的水利事业中，成为当时最为乾隆倚赖的水利名臣。他管理水利的时期，实为清代水利状况最好的时期。在其前虽然自靳辅以来逐渐在完善，但仍然存有许多问题，在他去世之后，尤其是和珅当权之后，清王朝的河务成了国帑的无底洞，若干河务贪官中饱私囊，河害却屡屡发生，给国家、百姓带来了无尽的灾难。而刘统勋始查河工之弊，继订河工章程，阻塞河工所有漏洞之后，又亲临一线，三战洪水，方使乾隆时期的水患与河工事务得到根本性改善。在乾隆二十六年杨桥大流漫口以后，直到乾隆三十八年间，大的水患基本绝迹，这不能不说是乾隆与刘统勋君臣共同努力的结果。刘统勋战杨桥漫口一役，最能看出刘统勋力挽狂澜的本事。《清高宗实录》记录了此事的大体经过。

乾隆二十六年八月，连日暴雨，导致黄河暴涨，河南一带，黄河浊浪滔天，巨流一涌入尉氏县的贾鲁河，水位急速攀升，向南漫过河堤，如脱缰野马，浩荡而去，若不及时堵截，后果无法想象。乾隆为此焦头烂额，从他决定派钦差大臣刘统勋之日起到刘统勋未到工地之前，短短几天时间，竟连颁十道谕旨，这在乾隆整个执政生涯中是极为罕见的。此次水患之严重可见一斑。在这十道谕旨中的前三道中，"最关紧要"四个字一再出现。"斯于河防最关紧要，著大学士刘统勋、协办大学士公兆惠，星速驰驿赴豫督率查办"、"豫省黄河现在夺溜趋贾鲁河，此事最关紧要！已派刘统勋、兆惠、前往督办"、"但黄河夺溜一事，于河道民生，最关紧要。现派大学士刘统勋、协办大学士公兆惠，驰驿前赴该处。将引溜归槽之事专司督办"。在乾隆这十道谕旨中，也表达出他因对其他臣子不懂河务而生出的无奈与烦闷。请看

他谕旨中以下内容：

　　张师载续报漫溢处所及缺口淤闭情形一摺所奏殊未明晰……看来此番水势甚大，非人力所能自主。张师载惟应会同常钧、阿尔泰、悉心相度，实力经理。不得过事张皇，转致失措。至张师载此摺，既限日行六百里则应由驿递驰奏，何以……殊属糊涂。

　　常钧奏、筹画各处决口事宜一摺，于河道源流、办理挈要之处，全无定见，已于摺内批示……此语尤为大谬。曾不思各漫口尽行补筑，则大溜势益湍急，全趋缺口，工程更难措手。此寻常情理所易晓，而常钧于河道情形，既未谙悉，张师载亦临事茫无端绪……常钧等……今为时将近一月，而于河流之起径归宿及现今决口缓急若何，大溜现抵何处各情形，摺内并无一语剖晰。此等大工，其将何以集事？！

　　张师载奏筹办堵筑漫工一摺，总未达治河紧要关键。

　　然而，刘统勋一到工地，事情立即有了转机。"其开挖引河挈挽大溜以杀水势"的第一道奏折，便被乾隆大赞"尤为切中款要"。

在刘统勋到位之前，乾隆已遣水利名臣裘曰修前往办理。但比较之下，裘曰修还是不及刘统勋勤慎。这在乾隆九月的一道谕旨中说得很明白："昨刘统勋摺内，声明裘曰修现赴归德、陈州一路，查勘该处一切河渠疏浚事宜。裘曰修自应审度源流，通盘筹办。但一切工程缓急及应行抚恤事宜。亦当随勘随奏以慰廑怀。今刘统勋等到工以来已摺奏数次。而裘曰修自八月中旬奏事后，何以迄今未见奏到？著传谕裘曰修，将所有查勘过各处水利，现在作何商办？并各地方官经理赈务是否妥协之处，一并详悉速奏。"

刘统勋统筹得宜，迅速、踏实的施工措施，使乾隆对杨桥漫工大放其心。他深有感触地说："看来此次刘统勋等所办杨桥工程，较之从前张家马路漫工，竣事更为迅速。可见大工之集，全在董理得人，则事半功倍，非必帑费工多始堪奏效也。"

经过两个多月的艰苦奋战，杨桥漫工终于合龙。正是在这样类似抗洪抢险的重大危急关头，刘统勋中流砥柱式的表现得到自乾隆至诸河臣一致的信任。正因为他在其中所起的力挽狂澜的作用，才使人民生计得到了保障。

其次，刘氏家族成员还特别注重刑名之学。六世祖刘必显在做官时就展现出了其秉公持正的气魄，后世刘氏仕宦都不同程度地承袭了先祖的这种风范。刘必显的二儿子刘果在太原推官任上把欧阳修《泷冈阡表》中关于"夜烛治官书"的一段写在墙壁上，每审断一个案子、判决一个囚犯，都要先读一遍。欧阳修文中"夜烛治官书"一段的内容就是讲他父亲断案万般谨慎，在秉公断案的同时不滥施刑名，力求裁决得当，既不使罪犯逍遥法外，又避免量刑过重，能宽恕就宽恕，尽量不判死刑，千方百计给犯人寻找重新做人的机会。刘果正是抱着这种仁厚忠恕的精神来断案，十分谨慎，使"狱无冤滞"的。最后，刘果累官至刑部江南司主事后，受康熙之命预修《大清律》，又为清代律法的完善作出了自己的贡献，他的许多建议不仅被采用，还受到该部最高长官刑部尚书的表扬。他的三弟，也就是刘墉的爷爷刘棨，在断案时同样有着一颗与之相近的仁厚之心。在恩诏大赦时，刘棨详细勘察每位死囚的罪因，使该赦免的一百余人都得到大赦。刘墉的三伯刘绶焜审案断狱能对当事者晓之以情、动之以理，从不刑讯逼供，被人称为"刘一板"。刘墉的八叔刘纯炜担任分宜知县时为官廉正，遂使诉讼案件越来越少。刘墉同辈族兄也皆如此：刘界得补祈州吏目，对待囚犯从不使用酷刑而以恩威化之，囚犯都很感激他，当他生病离职时，有的囚犯竟号啕大哭，舍不得他离开；刘垲长于听断，邻县有疑难案件的时候，也经常委托他代为审断，平反了若干冤案；刘埴任上饶知县时，"听断详审，平冤狱"极其神明，百姓们对他极为佩服，将其比作断案如神的明代大清官况钟，知县任满后他因断案神明升任通政司经历。

当然，上述不论是七品的知县还是从二品的布政使，都只是地方官员，接触的都是一般民间诉讼，断案神明、秉公持正最多不过是通过整肃地方治安使百姓安居乐业。而如刘统勋、刘墉、刘镮之祖孙三人均官拜一品，在特殊的位置上整肃朝纲、严肃法纪，其影响就超越了家族中的其他人，具备时代意义而彪炳史册。刘墉本人在江宁知府任上不畏豪强，凭公审断，一时白面包公的"青天"美名誉满天下，民间流传着以其断案为蓝本的《刘公案》竟达十几部上百回。而其父亲刘统勋的刑名学成就更大。刘统勋多次执掌或监管司法监察机构，精通大清律法，撰修过《大清律例》，又秉公持正，不惮辛劳，实事求是。因此，他在办大案、谳大狱方面最受乾隆倚任，他经手的案件数量众多，而且在案件复杂程度、审判难度等方面在同时代更是无人能及。乾隆因此赞扬他说："汉大臣之足资倚任者，张廷玉而后，有刘统勋。……统勋练达端方，秉公持正，朝臣罕有其比。"需知张廷玉是雍正、乾隆年间，在刘统勋之前最令人佩服、最得皇帝青睐的名臣，乾隆将两人相提并论，说明刘统勋在乾隆心目中的位置非同寻常。

除了水利学、刑名学，刘氏家族还在医学方面取得了极高的成就。诸城刘氏在中国医学史上的学术地位，是由九世刘奎奠定的。他的瘟疫学研究在清代全国范围内都有很大影响力，其代表作《松峰说疫》是一部我国历史上瘟疫学的名著，影响极大。

刘奎的瘟疫学与此前的瘟疫名家吴有性、戴天章、余霖不同，有着非常明显的民本思想。《清史稿·艺术传》的作者独具慧眼，他认为刘奎的瘟疫学有两个方面的特点：一是"多为穷乡僻壤艰觅医药者说法"，二是"以贫寒病家无力购药，取乡僻恒有之物可疗病者，发明其功用，补本草所未备，多有心得"。许多医家，业医是为了牟利，但刘奎并非如此。用刘奎自己的话说，"余周游海内，越历已深"，但"志在救人"的初衷一直贯穿一生。如想谋利，去富豪之家诊疗，自可获利万倍于贫人。如想攀龙附凤，达官贵人之处常往走动便是。但刘奎对此一概不取，反而更为穷乡僻壤难的贫寒百姓着想，用乡间易得的材料入药，既有效，又廉价。诸城刘氏业医者所恪守的"大医精诚"、"悬壶济世"在刘奎这里得到了最为充分的体现。刘奎游历广泛，贫人无药可医，白白等死的恐怖局面他肯定不会陌生。多数医家见到这些悲惨人事，也会尽心竭力地去治病救人，但这还只是小爱。像刘奎着眼于"多为穷乡僻壤艰觅医药者说法"、"又以贫寒病家无力购药，取乡僻恒有之物可疗病者，发明其功用，补本草所未备"方可称得上是大爱。因为只有这样，才可能使自己化身千万，从而形成这样一个局面：人人可以得到药物，凡是医生均能治病，凡是知道刘奎所说之法的，人人皆可成为大夫，既可治己又可救人。当瘟疫肆虐之时，才不至于尸横遍野，十室九空，保一方百姓之平安，起到燮理阴阳之用。行笔至此，笔者不禁回想起年少时母亲常用针挑肚皮治疗我们腹胀病症等事，那时村里很多人都会一些类似的简便易行的物理疗法。今诵读《松峰说疫》，方知许多疗法其实正是拜刘奎所赐。刘奎医学的民本思想，使千万人得其利而不知，诚大爱之至也。

刘奎并不是诸城刘氏唯一业医者，他只是这个大家族世代从医的一个代表人物。刘奎的父亲刘绥烺在官事之余，悬壶济世，给身边很多病人解除过病痛。刘奎的堂兄刘斿在致仕归里后研制药饵至少二十年。刘奎之后，他的儿子刘秉淦、刘秉鏻，尤其是三子刘秉锦等，子承父业，克绍箕裘。十一世刘大河，十二世刘象枢，十三世刘荐廷（字菊村）、刘炎昌（后改名燕昌，字景文），十四世一代齐鲁名医刘篯（字季三），十五世原青岛市卫生局长刘镜如、北京大学第三医院教授及博导刘镜愉，十六世刘济英等，至此诸城刘氏已有九世业医。我们不难看出，自八世刘绥烺始至十六世刘济英止，诸城刘氏行医世代有传人，门风不坠，从而使医学成为其家族十分擅长的一门学问。

　　而刘氏后世业医者，也都恪守医德，人品甚好。十三世刘炎昌生于社会动荡年代，见国事日非，中年绝意仕途，致力岐黄。倡导"大医精诚"，悬壶济世，行医于诸城、胶州、高密一代，敬业一生，活人无数。十四世刘篯行医时，还身处于中医地位低下的旧中国，所得诊费聊以糊口。但即便如此，为了解决群众看病困难，他还是毅然提出"赤贫无力者免费"的主张，并在中医研究会中设诊疗门诊，于《医药箴规》杂志发出广告曰："本会为市民诊病概免诊费"，并规定每日上午 10—12 时，下午 3—5 时为诊病时间，同时规定了免费会诊的制度。从中我们又看到了其祖先刘奎大爱无疆的影子。刘篯在教育学生时说："伪医不可为，良医尤难为也，风骨太峻，则近于傲，同流合污，则近于谄，见富贵而谄谀者，故为鄙夫，而视富贵若泯己者，尤属好名，疾病当前，无论贫富贵贱，要当详查病之轻重，而为治之"。直至暮年，身体已渐不能支持，活动时气喘不已，但他仍然坚持工作，服务病人。1972 年应邀为"青岛西医学习中医班"授课，因急性心肌梗塞病倒讲席，才休息下来。病情好转后，叩门请诊者不绝，刘篯皆悦色相迎，详为诊治，盖生平仁慈，济人为先，鲜以一己为念也！

　　水利、刑名、医学，从以上三门学问中可以感受到刘氏一门的治学精神：诚朴为学，注重经世致用，以亲身实践为社稷民生作出卓越的贡献。他们做学问的时候，无论是在水利、刑名，还是医学领域，时刻都怀着一颗仁厚的心。孔子说："仁者，爱人。"这条儒家精神的核心观念在刘氏家族的教育和治学当中得到了最好的展现。

除了以上三门实学，刘家人在诗学、书法、鉴藏等文化领域也都取得了不俗的成就。刘氏几代人都有诗歌作品，引领着清朝山东诗坛。刘墉的书法成就极高，被后人誉为冠绝清朝。刘墉的侄孙刘喜海酷爱收藏鉴赏，在金石考古、钱币学等领域堪称一代大家。刘氏家族崇文重教，文化氛围极其浓郁，学子们各逞其才，自身所获得的成就又能够反哺家族，殷实家境，正可谓为家为国为百姓都以身作则，尽了自己最大的努力。

（四）进士爷爷刘棨

刘墉的爷爷刘棨在诸城刘氏家族史上是一位举足轻重的人物。刘棨的父亲刘必显考中进士步入官场，初步开创了刘氏的政治格局，刘棨和二兄刘果通过自己"清廉爱民"的为官作风为刘家赢得了全国性的影响，甚至博得了康熙皇帝的褒赏。再后来，刘棨的 10 个儿子、36 个孙子成了刘氏家族鼎盛期的主干力量。

那么，这样一位在家族史上如此重要的人物，他的为人到底是什么样子的呢？

《诸城县志》中对刘棨的为人有过一个简要的概括："棨性和厚，为治无所矫饰。遇人温厚善下，乡人皆称之。"从中可见，他是一个性格温良宽厚、待人接物十分和善的人，以至于每到一个地方，上上下下都说他的好。这些固然是他人格中十分重要的方面，但并不是全部。他的为官经历、社会交游、家教风格等轶事不仅能够印证这一点，而且也能够补充说明他为人的其他方面特质，从而让他的人格更加丰满立体地展现出来。

刘棨，字弢子，号青岑，是刘必显侧室杨氏所生。生于清顺治十四年（1657），卒于康熙五十七年（1718）。他在年少时就展露出过人的才华，15 岁时，当时德州的著名文人田雯就对他的文章感到十分惊奇，认为将来必有非凡的成就。康熙十四年（1675），刘棨当时年仅 18 岁就考中举人，十年后康熙二十四年（1685）就成为进士，学问日渐精深，博涉子史。中进士后，刘棨和他二哥刘果为了服侍年迈的父亲刘必显，都没有出仕做官。直到父亲去世，脱去丧服，刘棨才出来参加谒选，并于康熙三十四年（1695）出任湖南长沙县知县。

　　这段做官前的经历就足以证明他是一个孝子，为了照顾年老的父亲，延迟了自己整整十年的政治生涯。

　　刘棨刚到长沙知县任上，就发现县中重男轻女现象十分严重，生了女儿多弃而不养，刘棨立刻禁止了这种做法。不久又突遇一次事变，显示出他超常的应变能力。按照清王朝规定，巡抚衙门设有标营，驻兵千余人。这时突然有人造谣说要裁减兵员，士兵一听恼了，一千多人将巡抚衙门团团包围起来示威。身为湖南省最高长官的巡抚躲在衙门里，不敢露面。刘棨这个七品芝麻官却毫无畏惧，大义凛然地赶到气势汹汹的士兵们面前，采取了三条紧急措施：一，陈述大义；二，预给三月军饷；三，明确表示无裁兵员之意。从而迅速化解了这样一场一触即发的冲突。刘棨的能力从此得到了广泛认同。

　　三年后，康熙三十七年（1698），刘棨升任陕西宁羌州知州。到任后，恰逢关中大饥，汉南尤甚，而州中没有屯粮可供赈灾。刘棨就去找当时的陕西布政使丁珩做工作，要求借厅仓之粮赈济百姓。丁珩同意了，但赈济粮的发放却没那么简单。宁羌处秦巴腹地，是中国境内山峦起伏最大的地方之一，地势险绝。李白《蜀道难》中所说"西当太白有鸟道，可以横绝峨眉巅，地崩山摧壮士死，然后天梯石栈相钩连"，指的就是这片绝地。而府州之间相距三百余里，走路已经不易，如此长途运粮可谓难于上青天。面对如此困局，刘棨的应变能力再次得到展示。他发动当地熟悉山路的饥民，凡运一斗者给粮三升。结果不到十天，竟运粮三千余石，将这似乎无解的困局一下子就盘活了。

次年春天，再次见到刘棨时，丁珩对刘棨讲："去年你赈灾之法很好，我也想仿照去办，但洋县很特殊，地广人多，我年老了，腿脚不灵，麻烦你为我代劳可否？"刘棨略一沉吟，答道："正值春荒，百姓事急，您如果觉着我行，那我就一个条件——请授予我运粮大权。"丁珩立即答应给他发布晓谕域内的"檄文"。刘棨随即持檄将粮食从水路运往洋县，同时一方面令下属持檄分调诸县丞簿到洋县帮工，一方面自己单骑赶到洋县，实地考察户口多寡。等到所有情况搞明白后，他进城跟洋县县令说："我现在发官粟到你县，规定要春贷秋还。但如果到秋天粮食收成不好，老百姓还不了怎么办呢？只能我们两个人替百姓还！我想即使因此倾家荡产，为了百姓也是值得的。"被刘棨救民精神感动不已的县令连忙表示赞同。刘棨便分遣丞簿，按户发粟，洋县虽大，但因刘棨措施得力，赈灾一事竟高效到数日而毕。在这件事上，刘棨极为认真的办事态度，和为救民出水火而自身不怕下地狱的精神，无论放在哪个朝代都是不多见的。而刘棨在做这样感天地泣鬼神的壮举时却像做一件再平常不过的事情一样，没有任何矫饰，完全出于自然，令人感动。

救灾过后，刘棨又紧张地投入到均田赋、代民完逋赋、补栈道、修旅舍等工作中去。他由于清廉爱民的种种事迹而备受百姓爱戴，以至于要为他立生祠。康熙皇帝曾经亲自主持两次全国性评比，请九卿列举清廉耿介的好官，刘棨均榜上有名。这是刘氏家族前所未有的重要荣誉。在后面"爱民如子的爷爷刘棨"一节中我们还将着重讲述他的为官业绩。

上面我们见识到了刘棨在官任上的作风，下面我们来讲讲他在生活中所流露出来的性情。

刘棨在做平阳知府的时候，曾经与著名诗人、戏曲作家孔尚任有过一段交往。孔尚任是《桃花扇》的作者，《桃花扇》讲了明末抗清人士侯方域及其爱人李香君感人的爱情故事，在当时具有轰动性的影响。剧中贯穿了晚明官场的黑暗，同时隐喻了在反清复明运动中发挥过重要作用的复社，所以这部"借离合之情，写兴亡之感"的名剧也让他沾上莫名的官司。该剧完成的第二年，孔尚任就被罢官，不久后返回家乡曲阜。孔尚任在政府打压、朋友疏离的境遇下，心中郁郁不得志。就在这时，刘棨延请他来平阳制定拜祭孔庙的乐器，教以雅奏。孔尚任是孔子的六十四世孙，又精通音律，刘棨可谓是知人善任，并不因为他是政府排斥的人就避而远之。孔尚任来了之后，刘棨又请他编纂《平阳府志》。通过这两件事，两人建立起了深厚的友谊。

孔尚任写过一首诗，叫作《平阳郡署主人赠袍》，正是刘棨赠袍给孔尚任之后，孔挥笔写就的。诗中说：

> 吟诗瘦尽沈腰存，一袭霞袍竟体温。
>
> 家去何愁羞季子，春游直可傲王孙。
>
> 摊书倦后妨灯炧，顾曲欢时怕酒痕。
>
> 少在身边多在箧，信陵席上不言恩。

诗中把刘棨比作战国魏公子信陵君，是对刘棨礼贤下士、宽厚爱人等品质的高度概括。从诗中"春游"、"酒痕"可推知，刘棨在社会交游中是个平易近人、温和忠厚的人。清政府以及被清政府排斥的人如孔尚任都对他有着极好的印象，可见他为人处世是非常周全圆融的。

在社会上，刘棨的为人是深受肯定的。那么，他在家里面又扮演着什么样的角色呢？

任何一个家族，欲保长盛不衰，就必须家法严明。刘棨在社会上展现出了温和宽厚的一面，但不能想当然地以为他在家里也会露出一副和善宽厚的面孔。事实上刘棨家法甚严，甚至比他父亲刘必显治家更为严厉。

自古纨绔少伟男，刘棨对其子孙可谓爱之以其道。本来，刘必显对下一辈家教就很严，而刘棨除了在价值取向上与其父亲刘必显一样"崇惇厚、黜浮华"外，在家教上"益严乎子孙"。孩子六岁，就要到外面去读书，而不是依偎于父母膝前撒娇讨喜。学习达不到要求，"辄予夏楚"，夏楚是教师使用教鞭对学生施加惩罚之意，也就是说，用严厉的惩罚措施，督促孩子学业上的长进，与今日"狼爸"、"鹰爸"的教子风范大有异曲同工之处。今日不少人对孩子溺爱过甚，实已步入误区，或许应该对照一下刘棨的做法，反思自己的教子之方。他要求孩子"出于趺步无敢嬉戏"，是为了培养孩子稳重大方的气质。后来的曾国藩在其家书中屡问其子"儿近来行路能迟重否"，也是这个意思。他要求孩子长大后"被服食饮，比于寒素"，就是生活水平要和寒门家子弟一样。前面是讲在学业上向高标准看齐，这里则是说在生活上要向低标准看齐。人只有如此，才能克服困难，战无不胜。"读书汲古外不得有他嗜好，亦不得妄有所交接"，则言立志、定志与慎重交友，以保事业有成。

曾在刘墉家做过私塾老师的李潆评价："近世言家法者，首推东武刘氏"，而由其所描述"方伯公（棨）则益严乎子孙"可知，刘氏家法之严，刘棨为最。据"文化大革命"前多次到过逄戈庄的前高密督导室主任韩金绥先生讲，刘家大院内有三口铡刀，还有一口长方形的油锅。据说是刘棨传下的家法，如有不肖子孙，辱没祖宗，就刀铡油烹，绝不姑息。而对于为官清廉而在逢戈庄无处居住的子孙，刘家大院东西分设数排平房（刘家自称"官宅里"），专门接待他们，其用心可谓深密。

当初六世祖刘必显买下槎河山庄作为刘氏子弟少年读书之处的时候，严明的家法就相伴而生了。刘棨自己的十个儿子就是在这样的家法中成长起来的，作为孙辈的刘墉也不例外。刘氏家族在百余年内，蔚成国内一流世家的地位，与此是密不可分的。而刘棨在其中起了非常重要的作用。我们看到，刘氏家族在科举、政事、文艺、医学上的业绩，九成以上都出自于刘棨一支（即刘氏族人内部所称的"老三房"），刘氏之兴旺，刘棨的"严家教"可谓功在千秋。

在家严明，在官爱民，在社会温厚待人，就是这样一个刘棨，成为刘罗锅最敬爱的爷爷。

（五）宰相老爸刘统勋

前面用多个事例介绍了刘墉爷爷刘棨的为人。那么，对刘墉本人产生最大影响的老爸刘统勋又是个什么样的人呢？

刘统勋像

深受乾隆信赖的刘统勋，被誉为百余年内名臣第一，他在家庭生活和为官公干两方面又有着什么样的风范呢？

刘统勋，字尔钝，号延清，似乎立志就是要延续清王朝的国祚。他在康熙三十八年（1699）十二月二十三日戌时出生。当时他父亲刘棨在十分贫困的陕西宁羌州任知州，刘统勋就出生在州署里，出生的环境比较困苦。他出生时，刘棨梦见一群饥民到自己衙署讨饭，就为刘统勋取乳名叫"饥民"。当时刘棨 42 岁，刘统勋是他十个儿子中的第五个。

这个小"饥民"后来可了不得，迅速成长为国家栋梁，在乾隆一朝前中期起着中流砥柱的作用。早在乾隆十七年（1752），他就已是清代自雍正以来位极人臣的军机大臣之一。乾隆三十六年（1771）四五月间成为首席军机大臣，从而开启了汉人长期担任首席军机大臣的先例。他是历史上少有的完人之一，其廉洁公正，堪比历史上任何名贤；其见微知著之能与大局观之好，受到时人一致推誉；其才能的全面，有清一代罕有其匹。他在吏治风气、刑名、水利、人才察举与涵养、文化事业方面都作出了不可磨灭的贡献。

如果要把他的事迹与历史影响全部讲解清楚，没有厚厚一部砖头书是不可能的。那么在这有限的篇幅里，我们尽量做到简明扼要，让大家对刘统勋这个人在"国"和"家"两方面所扮演的角色有个更好的了解。

　　清朝时，一般在京城为官的汉人都是侨居在南城外，那里地势狭隘阴湿，租金又被当地人抬得很高，汉官都很苦恼，加上聚集在一处，难免人情上有瓜葛。皇帝知道这些弊端，所以会对个别汉人阁臣额外施加恩宠，御赐内城的府邸给他们。刘统勋就享有这样优厚的待遇，先是被御赐东四牌楼，后来又受御赐居住在海淀的澄怀园，那里原先是前一位宰相张廷玉的府邸。刘墉在京城时也随父亲居住在上述府邸，他的书法长卷就有落款署了澄怀园的。

　　刘统勋出身翰林，文化修养十分深厚、广博。推崇宋学的他对汉学也能兼容并包。据说刘统勋生平未尝奉佛，但对于大乘经典也都能领会其要旨。年过六旬，他养成了入夜后秉烛盘腿危坐的习惯，到二三更天，窗外略微有响动，他无不听闻。另外，他在诗歌、书法上也有颇高的造诣。可以想见，平时在澄怀园居住，官事之暇也会稍作吟咏，挥毫作书。

　　刘统勋秉持家风，为人清廉刚正，一身浩然之气，被乾隆誉为"真宰相"。当时人评论说他"光明正直，烛照几先"。对于一件事情未来走向，预测神准，他所说的话，一二十年后基本都会得到验证，这让身边知道这些事情来龙去脉的人特别佩服。他发掘人才的眼光也十分厉害，士子不管贤能者还是猥琐者，他都能洞见他们将来的作为。"不可得而亲，不可得而疏"，这是《老子》中的话，说的是不可因为这个人离你近，就对其不尊重，也不能因为他有威严感，你就对其敬而远之。因为刘统勋时时恭谨自持，公私分明，素丝自励，使你不能与其有龌龊的私干，从而不尊重他；同时，他又识才、爱才、荐才，深谋远虑，公忠体国，因此，有军国大事乃至人生要事，人们都愿意向他请教、诉说。这让人联想到刘统勋的二伯父、担任过江南提学道佥事的刘果。刘果在任内慧眼识英才，发掘提拔了一批寒素之士，生活中却也是"谢绝私交"，莅事严明，最后获得康熙"清廉爱民"的赞语。刘统勋坚守家风，一身正气，所以，内外臣工无不敬仰他的刚正果敢，同时又被他情意醇和的为人所吸引。

刘统勋出京公干，往往"挈二奴、用马六七，又事事不过令甲"，意为出行简朴，凡事不骚扰地方。相比之下，乾隆中期以后重臣出使却往往给地方造成数万甚至十几万银两的负担，成为被洪亮吉指称的病国、病官、病民的毒瘤。刘统勋曾给汪由敦改过一首咏杖诗，点睛之笔在于将其最末一句改为"入手先思放手时"，寓意在事情开始之前就要考虑到其后续发展，这可谓其"慎微虑远"处事风格的形象写照。倘若所有外出公干的官员都如刘统勋一般轻装简从，重臣出使绝不会演变成为病国、病官、病民的毒瘤。刘统勋这种善于防患未然，对事物非同一般的洞察力，也是使其能够在波谲云诡的官场中纵横驰骋而又独善其身的法宝之一，所以乾隆遇到难以决断之事时也乐意咨询他的意见，正如赵尔巽在《清史稿》中记载，"尤以决疑定计，见契于高宗，许为有古大臣风"。

曾经有个与刘家有世交的做官子弟，想趁着过年的时候献给刘统勋大笔钱财以套近乎，结果被刘统勋严厉地教育了一通，他跟对方派来的仆人讲："你家主人借我们两家世交的情谊来问候，这很好。但送的钱我不能收，因为国家给我发的薪水已足够我开支的了。你回去告诉你主人，如果他的钱多，还是把这些钱赠给那些老朋友当中目前贫困，需要钱财的人为好。"这让人不免想起他爷爷刘必显力拒老乡所行之贿的故事。当年，在被差往通州督理中南仓时，刘必显"地处脂膏，未尝以毛发自润"，甚至连老乡所送礼物也一概拒绝接收。当这位乡亲给他送银杯被拒后说："枣为乡味，似无害。"刘必显却说："凡自外入者，皆非义也。"坚决不收。此种定力，不仅令鬼伏神钦，家族尊长的这些做法，肯定在家中被当作美谈无数次提起。小孩子听得遍数多了，自然耳熟能详，带着崇拜情结，心慕手追，这种行事模式便化成他们行事的准则，从而沉淀为一种家风，我们从中不难看

到此种行事模式对其后代子孙，尤其是其贤孙刘统勋的熏染之力。

曾有一个家境富有、靠出钱买官的人深夜来刘统勋家叩门，对于这样出身的人刘统勋十分警觉，不仅当晚拒而不见，第二天一早还把那人叫到政事堂，教训了一通："昏夜叩门，贤者不为。你有何禀告，可以当众说出来，即使老夫我有过失，你也可以讲，以便我引以为戒。"昏夜叩门之人，想悄悄嘱托刘统勋的话，岂敢拿到桌面上，因此在刘统勋面前吞吞吐吐不敢讲。这样，打得一拳开，免得百拳来。面对正气凛然的刘统勋，那些心怀鬼胎的人知其软硬不吃，便死了对其行贿之心。俗语讲，苍蝇不叮无缝的蛋。官员受贿常以无法拒绝为由半推半就地收受，一旦开始便无法止步，只能是愈滑愈远、愈陷愈深。而如刘统勋这种清刚之气，恐怕无人敢于纠缠，直接避免任何行贿的可能，久而久之，清正之名朝野遍知，不仅让钻营者无缝可钻，而且警醒同僚，对严肃整个朝野官风也大有裨益。

高官的作风，实关一时社会风气。孔子在《论语·子路》中讲："其身正，不令而行；其身不正，虽令不从"可谓圣人论治名言。凭刘统勋在当时所具有的崇高威望，他的一言一行，都会对社会风气产生深远影响，所以他刚正不阿、善恶分明、激浊扬清，引导官风向公正、清白、耻奔竞、重

才干、严正不阿、爱民而贤能、士当有益于世、对官场子弟戒"姑息之爱"等方向发展。

风不正，则气不顺。气不顺，则人人皆生怨恨之心。整个社会怨气丛生，则创业之举无从谈起。无人创业，社会局面必将陷于一片混乱之中。反之，风正则气顺，气顺，则人思创业，社会局面必欣欣向荣，蒸蒸日上。而乾隆一朝，在中期以前，君臣励精图治，显示出一派喜人的进取气象，是乾隆一朝的黄金时期，也是整个有清一代社会风气最好的一个历史阶段。而这一黄金时期的酿成，刘统勋可谓厥功至伟。

令人遗憾的是，刘统勋虽对乾隆前中期吏治起了防微杜渐的作用，但在乾隆晚年，却因乾隆自身对和珅大开谄媚幸进之门，遂使前中期整肃的吏治风气被破坏殆尽。

刘统勋不仅有清廉之气在胸，更有斩钉截铁的"刚劲"手段。乾隆二十六年（1761），黄河在开封杨桥决口，刘统勋奉乾隆之命以大学士的身份巡视，决口久不得塞。一天晚上，刘统勋微服私访才发现问题出在贪婪的县丞身上。原来，当地县丞把周围几百里有秸料可卖的百姓召集到黄河决口处后，想乘机勒索秸料钱，可是百姓无钱可出，双方就僵持住了，导致一方面附近秸料堆积如山，一方面急需秸料的决口却无秸料可用这样一个严峻局面。刘统勋如果养尊

处优，只会在大堂上发号施令，就难以发现问题的症结所在。刘统勋对此异常愤怒，叫巡抚连夜把县丞绑来，大声训斥道："口一日不塞，则圣心一日不安。河南北万姓，亦一日不宁！塞口所恃者，秸料！今秸料山积，某县丞以勒索不遂，稽留要工，罪死不赦！"他一声令下，当即就要斩了县丞，然后弹劾巡抚等人。众人无不吓得胆战心惊，好不容易才缓和气氛，最后决定剥夺县丞职位，绑在决口边示众。事情立刻有了转机，只半天，秸料就全部运去塞决口，两天就把决口堵住，其神速足以让人瞠目结舌。为官者发挥作用的潜能之大，往往超出常人的想象，这就是一个典型的例证。这种潜能，自古至今，大同小异，只有清正、谋略、果敢手段兼备的贤能大员，方能激活其能量，兴邦治国，为百姓造福。

刘统勋的清正对上是对清廉家风的承袭，对下则对刘氏子弟产生了绝对的楷模效应。在他身边耳濡目染多年，儿子刘墉做官也是"风骨甚峻，洁如冰霜，德望重朝野"，坚决与和珅集团划清界限。而刘统勋的孙子刘镮之在做学政、主持乡试时，也被时人赞誉"关防严肃，弊绝风清"。他的这两位子孙都在一定程度上继承了他的为人品格，可知，刘统勋对刘氏子弟的身教作用是十分巨大的。

（六）瘟疫学大家堂弟刘奎

刘奎，字文甫，号松峰，是刘墉三伯刘绶烺的长子，刘墉的堂弟。刘奎的父亲刘绶烺是刘家第一个对医学有较深入研究的人。他一生精于医理，虽然在外做官，想必很繁忙，但只要知晓有人染疾受苦，他就一定会竭力救治。刘奎正是在父亲的耳濡目染之下走上医学道路的，并最终成为瘟疫学大家。

或许有许多人会疑惑，为什么刘氏家族这么一个科举世家，竟然也会出现医学上的大人物。在古代社会，靠科举出人头地是所有人向往的正途。而医生在那时候，虽然因治病救人而受世人的尊重，但一般终生都很清贫。当官和当医生两条路的差距是很大的，但刘氏家族偏偏在这两条路上都有人走到了极致。表面上看来很奇怪，但往深处仔细一想，其实是很容易理解的。

先讲一则北宋宰相范仲淹的故事。范仲淹小时候父亲很早就过世了，受生计所迫，母亲只能改嫁一户姓朱的人家。范仲淹当时三岁，不明身世，一度改姓朱，叫朱说（yuè）。于是从三岁直到做官好长时间他都叫这个名字。直到三十几岁一次偶然的事件让他发现自己的身世，这才奏请皇帝说明缘由，被准许恢复范姓。因为同辈人是仲字辈的，他就给自己取名叫范仲淹。他少年时生活困难，只好搬到破庙中苦读，恰遇到一位看相的高人。范仲淹见到算命先生，开口就问："先生，你看我这个面相，将来能做宰相吗？"算命先生一听，这少年口气不小，一开口就要问能不能做宰相，自然就表现出一副十分不以为然的样子。范仲淹一看他这副模样，马上就改口问："如果做不了宰相，那你看我能不能做一个医生？"算命先生听他这么一说，就问他："你怎么一开口说要做宰相，一下子又要当医生？为什么前后贵贱差距这么大？"范仲淹就回答："唯宰相和医生可以救人。如果当不了宰相，不能够救助天下百姓，那我就当一个医生，救一个是一个。"范仲淹的出发点完全出于仁爱，他没有为一己私利着想，而是心怀天下苍生，因此算命先生很感动，竖起大拇指称赞他："有你这颗仁心，是真宰相也！"后来范仲淹果然当了宰相，为朝廷鞠躬尽瘁。一篇《岳阳楼记》传诵千古，其中名句"先天下之忧而忧，后天下之乐而乐"更是深得后世仁人之心。

范仲淹看相的故事阐释了宰相和医生之间的共通点，那就是仁爱。真正读书做学问，就是要立大志做圣贤。不管将来从事什么样的行业，做宰相也好，做医生也好，都要做个圣贤。圣贤就是那种真正能够为世人着想、为社会无私'做贡献的人。

由此，我们可以从根本上来理解刘氏家族为何在连出两任宰相（刘统勋、刘墉）的同时，又拥有着九世业医的家学传统。这个家族在总体上可说是真正的宅心仁厚。从中走出来的仕宦子弟，均恪守忠君爱民的家训，成为百姓拥戴的清廉爱民的好官。做宰相是为了苍生，做医生也是为了苍生。爱护百姓，救援人民，这在诸城刘氏子弟心目中已经成为一种非常自觉的行为。百姓的利益与安危，始终是他们行动与思考的出发点与终结点。自觉不自觉地去爱民助民，日益形成一种牢不可破的家族风气。因此，在这个家族中，出了刘奎这样一位瘟疫学大家也是顺理成章的了。

刘奎的同行好友刘嗣宗说他"赋性仁慈，与世无忤，为善唯曰不足"。仁慈、为善，这正是对刘奎乃至对他背后的整个家族的忠实写照。

刘奎是一个临床医术与理论著述兼擅的医学家。他一生不仅在临床实践中，解除了无数病人的病痛，而且还留下了一部不朽的医学著作《松峰说疫》，同时还为吴有性的《瘟疫论》做了极为重要的整理、传播工作。

先说《瘟疫论类编》。该书是刘奎为了便于大家理解明末吴有性的《瘟疫论（温疫论）》而编成的。吴有性的《瘟疫论》对后世影响很大，但书的编排极不考究。纪晓岚在《四库全书提要》里面就点评这本书说："不甚诠次，似随笔札录而成。"编排次序混乱，就像随手杂录而成，令人不堪卒读。孔子说："言而无文，传之不远。"吴氏原书，质胜于文，文字编排的问题很大，给其学说的传播带来了极大的不便。刘奎对其内容十分推崇，但也无法忍受原书存在的缺陷，于是就和三子刘秉锦一道着手对原书的章次进行重新编排整理，还加上了他本人对吴氏学说的评释。刘奎自幼受家族熏陶，文化功底极其深厚，正因如此，经过他编纂评释之后，吴有性的《瘟疫论》的价值得到了极大的提升，才终于在更大的范围传播开来。后世的学者认为刘奎为此付出的辛劳是有功于天下后世的。

不过，话说回来，《瘟疫论类编》一书，在成就刘奎瘟疫大家声誉方面，固然有其重要意义，但说到底，他在该书上所有的付出，还是为他人作嫁衣裳，但他本人的著作《松峰说疫》就大大不同了。《松峰说疫》为刘奎赢得了巨大的学术声誉。因为此书付梓后好评如潮，影响巨大，所以一经出版便传刻不断，研习者众多，成为中国乃至日本瘟疫学界的必读书目。

简要来讲，刘奎《松峰说疫》的学术思想，对吴有性之说既有承袭又有突破。他开创性地提出划分疫症有三：即瘟疫、寒疫、杂疫。另外，他还总结历代中医以及民族医学中的瘟疫预防方法，辑为"避瘟方"一章，也是瘟疫学诸著作中独一无二的。此章中共载 65 方，较之《千金方》25 方，《太平圣惠方》26 方，大有发展。他的学说使中国传统医学疫病预防方法有了极大的丰富和发展。

刘奎的瘟疫学还忠实地体现出了他的仁慈之心。在他的著作中，民本思想贯穿始终。清代以治疫闻名的前有吴有性，中有戴天章、余霖，后有刘奎。《清史稿·艺术传》的作者夏孙桐非常犀利地看出了刘奎与其之前几位治疫名家的根本区别，那就是刘奎多为穷乡僻壤找药困难的人们着想，又考虑到贫寒家庭无力购药，于是找寻乡野间有可供制药的材料，发现功效用以治病，廉价又实用。

这就是大爱，真正的"志在救人"！诸城刘氏业医者所恪守的"大医精诚"、"悬壶济世"的精神在刘奎身上得到了最为充分的体现。

新中国成立后，刘奎依然对其身后的医学界影响深远。当代国内三次医学界大的国故整理，刘奎均被提及。无论是计划经济时期，还是改革开放以后，几乎所有权威的中医史教材都涉及刘奎的医学著作。由张之文等编著的成都中医药大学特色教材《瘟病学新编》影响较大，刘奎《松峰说疫》是其重要的参考书和重点讲析的经典名著。另外，在医学刊物和全国范围的各类医学研讨会上，刘奎及其医学思想经常成为研究热点，有些中医学院的研究生入学考试还以《松峰说疫》为参考书目。刘奎的学术成果，至今仍被医学界所依赖，在 SARS、禽流感等大疫来临之际，人们依然会向他的著作叩问灵感，这可以说是对其医学成就与影响最为充分的肯定。

（七）收藏界高人侄孙刘喜海

任何一个家族，似乎都无力摆脱由盛转衰这一历史规律。到了刘墉的下一代，即侄子刘镮之这一代，刘家虽然还在朝廷上起着重要的作用，但这个曾影响了中国清代诸多勋业与大政方针的家族已经初步呈现出萧条景象来了。再下一代，即侄孙刘喜海一代，刘家则彻底走向了衰颓。

但是，尽管如此，作为诸城刘氏最后一位值得讲述的人物，刘喜海依然给我们留下了很多宝贵的遗产，不仅有精神层面的，也有物质层面的——要知道，他是中国历史上一位著名的收藏达人，数不清的藏品因他慧眼识珠，从历史的尘埃中被发掘出来，流传到今天。作为清朝中叶的一位大收藏家与著名学者，他不仅在藏书界占有不可忽视的重要地位，而且在金石、古泉收藏与研究上更是一位集大成式的重量级人物。有了大量的藏品做支撑，他在金石学、钱币学等领域也获得了巨大的成就，著有《金石苑》、《海东金石苑》、《古泉苑》等书。

刘喜海，字吉甫，号燕庭，又作燕亭、砚庭，别号三巴子。室名嘉荫簃、味经书屋、十七树梅花山馆、来凤堂等。他是刘墉侄子刘镮之的长子，生于乾隆五十八年（1793），卒于咸丰三年（1853），享年61岁。他在嘉庆二十一年（1816）中举，历任兵部员外郎、户部郎中，道光十三年（1833）外放福建汀州做了五年知府，其后又历任陕西延榆绥道巡道（1841—1845）、四川按察使（1845—1847）、浙江布政使（1847—1849）。在浙江布政使任上，他还兼署过浙江巡抚。正是在最后这两年在浙江当官期间，他跟当时的浙江巡抚不和，并最终导致他被罢官免职。

那是道光二十九年（1849），浙江巡抚因为刘喜海议事每每跟自己唱反调，就趁着刘喜海应召入京的机会，对他密参一本，弹劾他终日耽于考古，荒废职守。刘喜海因此被夺官，政治生涯就此结束。而在他之后，诸城刘氏官职较高的人从此再未出现，刘家繁荣昌盛的局面可以说到此就画上了一个句号。

浙江巡抚很容易给我们造成这样的错觉——刘喜海只是

刘喜海像

一个耽于考古、一无政绩可言的庸官。但是，刘喜海果真是那样的人吗？

事实上，如果我们根据手头有限的资料考察一下刘喜海的任职情况，我们会识破浙江巡抚给我们造成的假象。实际上，刘喜海早在五年汀州知府的任上就做了很多得民心、顺民意的善政，当地百姓为感激他而为其所立的生祠，应该说就是最好的证据。而刘喜海在四川按察使任上整治啯匪一事，更充分展现出了他的高尚人格，值得痛讲一番。

清政府所称的"啯匪"，也叫啯噜，是清朝时四川的一个武装组织。最初受天地会影响，是一个反清复明的组织，后来性质渐渐发生了变化。啯噜音转为"哥老"，组织渐密，是为哥老会，川内称袍哥，也叫袍哥会。啯匪在乾隆年间就非常强大，时时侵扰地方民政，而到了道光年间，已经成为一个以兄弟结拜为组织特征的黑帮组织，为祸一方，影响极端恶劣。

在《正续蝶阶外史》一书中有一段记载，蜀中啯匪数百人为一队，居山洞，劫人于途，勒索赎金，逾期即淫杀，凶惨万状，州官都拿他们没有办法。刘喜海担任四川按察使之际，四川已是当时全国最乱的地区。针对这种恶况，刘喜海重拳出击，查处数十起啯匪案件，基本审讯完毕，对几十个为首的匪徒，也都掌握了确凿的证据。他上奏当时的四川总督宝兴，说这几十个人已经审讯明确，不早剪除，民不聊生，还请一并正法。可是宝兴却不敢担当，刘喜海就正色说："此等事，中堂既不做主，本司尚能肩任。"回去后立刻赶赴城隍庙，传来皂隶，抡起大杖就在城隍庙里惩治起匪徒来。在全城百姓的围观中，有匪徒立毙杖下，引来欢呼如雷。

刘喜海为民除害，大胆惩治啯匪，既是他职责相关之事，又是他尽职尽责，保民一方平安的良吏表现。而与他相比，他的上司，当时的四川最高统治者宝兴又是如何做的呢？不仅毫无担当，而且诸事废弛，对于地方公事，漠不关心，结果导致营兵、县役、缙绅等皆通匪，助纣为虐，甚至自己出行拜庙，都要动用重兵围护，否则都连官府都不敢出去！

宝兴的后一任官员就批评他专务粉饰，漠视民事。他为什么在四川总督任上粉饰太平？其行为恰如今天腐败官员一样，百姓的死活根本与他无关，只有头上的乌纱帽才是他真正关心的。要跻攀高位，没有政绩不行，而要出真正的政绩，他们又无此本领，所以只好伪造政绩，或者至少在表面上保证一方平安，不出治安问题。这样一来，一旦自己所辖之地出了问题，为达到不可告人的目的，此类昏官不仅讳疾忌医，而且还会拼命地捂盖子。刘喜海是聪明人，当然明白宝兴的心事，但他更是一个有良知、敢作敢为的人，所以在听了宝兴那一番不阴不阳的话后，其回答可以说是掷地有声："此等事，中堂既不做主，本司尚能肩任。"正因为刘喜海不与宝兴之辈同流合污，敢于为民除害，才赢得了市民的衷心拥戴。

单从这件事上，就能看出刘喜海此人是个有担当、有胆魄、有作为、爱民如子的好官，绝不至于像后来浙江巡抚所说，因为耽于考古而荒废职守。从刘喜海被免官一事就能看出清朝道光年间的吏治已经腐败到了无以复加的程度，宝兴之流的昏官当道，而像刘喜海这样敢作敢为的好官却遭人陷害。

不过，富有戏剧性的是，刘喜海最后被扣上的罪名不是别的，正是耽于考古。的确，刘喜海本人受家族影响，从小无不良嗜好，不艳羡爵禄名利，也不痴迷金银财宝，唯独嗜好金石古物。他为官任职时，所到之处"不名一钱"；罢官之后更乐得逍遥，全身心投入对泉币、印泥、宋版图书古籍、金石碑文等的搜集考据中。正因如此，他才锻炼出了敏锐的鉴赏眼光和高深的学术修养。

有关他具体的收藏情况，将在后面"儿时爱好成就收藏大家"一节中做更详细的讲解。

（八）刘家别墅槎河山庄

在诸城刘氏家族史上，"槎河山庄"是一个有着特殊含义的地名。这个地方最初是刘必显购置的别墅，后来也成为刘必显、刘棨、刘紘熙、刘绶烺等人监督子孙读书的刘氏学堂。山庄中还有一个重要地标——锦秋亭，刘统勋、刘墉父子都曾在那儿读过书、用过功。刘统勋显达后，还亲自题写了锦秋亭的牌匾。

说起槎河山庄，就不得不提刘墉的曾祖父——六世祖刘必显。刘必显为刘家在各方面都奠定了根基。刘必显 25 岁时中举，成为刘氏家族史上第一位举人。但之后却困顿考场近三十年，一直都没有新的建树。他性格十分倔强，以附庸权贵为耻，一度导致家徒四壁。周围就有朋友劝他出仕，走捐纳的捷径，讨个官做做。据时人张贞《杞田集》一书记载，听到此话，刘必显当时就变了脸色，说："嘻，岂知我者哉？余性傲急，且无宦情，惟思得进士二字，启牖后人耳。以青袍致台鼎，非其好也。"意思是说他生性高傲且脾气急躁，不适合做官也从来没想去做官，只是想着如何考上进士，给后人树立榜样。于是，他一直都在刻苦攻读，终于

味餘書室全集定本卷三十

古今體詩一百二首 壬子

壬子元旦

聖皇薄教八方遄

銷掎日西南歌者定

縵布丹霄時豐定卜登咸慶人格欣看兵甲

天錫康年六幕調旭映瞳輝紫禁雲凝紅

和風入律轉新部

恭和

御製新正重華宮茶宴廷臣及內廷翰林用

洪範九五福之二曰富聯句復成二律元

韻

閒詔文宴例嘗茶徽霞光期散玉華五葉賞

舒生意暢三陽律轉

德音遍教施既富人崇儉民樂多豐俗去奢

敷錫都歸

皇建極休徵時若應無差

廓寰跳梁方者定紅旗捐日捷音來

味餘書室全集定本卷三十 一

天威直懾千山雪佛力宏宣七寶臺令夕御符

看燈映月佳辰先喜茗浮杯浮梯態富有元正

集萬國衣冠列席陪

恭和

御製紫光閣賜宴外藩即席得句元韻

瑞展仙籌萬彙春紫光

賜宴列華茵

恩沾東壯乾坤遍

咸布西南冀命申五福目

味餘書室全集定本卷三十 二

天幬敘大三陽出震玉符新即欣露布來燈

夕

聖德覃敷黃教人

題石庵師傳槎河山莊圖

相國家聲洋洋表海東披圖知勝境懷舊

仰高風嘉樹人常譽仙莊筆更工

聖朝功業重元氣萃鴻濛

書房齋宿

春光先轉玉墀頭三日清齋

嘉庆皇帝《味余书室全集》所载其为《槎河山庄图》所题诗

在 53 岁的时候考上了进士，被授予了一官半职。

我们已经了解了刘必显的脾性和对做官的想法，就知道他绝不是个贪恋官位的人，他为官绝非沽名钓誉、钻营苟且，而是正气凛然、清白廉洁的。他在任时曾经拒绝别人馈赠，生活也极为简朴。由于他真的不留恋官场生活，所以一生两次做官，都是自己主动职辞。第二次做官，仅做了一个月，便毅然去官回家怡志林泉了。之后便一直隐居在槎河山庄，吟诗自娱，十分豁达，就这样颐养天年直到 93 岁才去世。他辞官并非因为身体有恙，也不是为了丁父母之忧等缘故，而是确如他自己所言素无宦情之故。

刘必显在 25 岁中举和 53 岁中进士之间的那 28 年，也不是一事无成。他在这段时间中，通过经商为刘氏家族初步奠定了较为雄厚的经济基础。相比前几世的穷困和刘必显年轻时一度家徒四壁的窘迫，此时刘家的家境已经大为改善。也正是在这个时候，他购置了原属诸城，现位于五莲县境内的户部镇槎河山庄，作为自己的别墅和诸城刘氏子弟的读书之处。

根据刘墉的侄子刘镮之于嘉庆十九年（1814）所修《东武刘氏家谱》记载，刘氏槎河山庄有两处，一个叫槎河山庄，一个叫东槎河山庄。原"槎河山庄"现称"大刘家槎河"，原"东槎河山庄"现称"杨家峪"。当时刘必显购置并

杨家峪（原东槎河山庄，张西洪摄）

大刘家槎河（原槎河山庄，张西洪摄）

槎河山庄原址（今日照市五莲县户部乡大刘家槎河村委会，秦幸福摄）

东槎河山庄原址（刘墉堂弟刘奎出生地，今日照市五莲县户部乡杨家峪村，秦幸福摄）

修建的槎河山庄是位于西边的大刘家槎河。

刘必显建起槎河山庄之后，就请来有学问的名师来启蒙子弟，自己也会"亲课童仆"，亲自监督他们读书，辞官回乡之后更是每日"惟聚子孙一堂，教以耕读，不及世事也"。槎河山庄既是刘氏子弟生活的别墅，又是他们刻苦攻读的学堂。学子们在里面日日以耕读为业，农学并重，没有其他不良嗜好。

槎河山庄坐落在东武山麓（即如今的五莲县户部乡），风景奇秀。在功课之余，刘必显每每带着子孙们游览山水，怡志林泉。他还是刘氏家族第一个喜爱诗歌并有所创作的人。在槎河山庄那种绝妙的环境下，像刘必显这种个性洒脱的人，忍不住就会写诗。据《诸城县志》记载，刘必显在结束了仕宦生涯回到自己购置的槎河山庄之后，兴奋异常，题诗亭壁：

> 十年尘梦冷渔矶，又回滩头理钓丝。
>
> 久客乍归鸥作伴，短墙半缺水为篱。
>
> 月明星影窥窗际，夜静溪声到枕时。
>
> 独坐悠然成大觉，挑灯拂壁一题诗。

此诗把他自由烂漫的情怀和槎河山庄周边的风物描摹得淋漓尽致。诗情画意浓郁，意境浑然天成，而音律之美，情韵之幽雅,置诸任何一部诗集,亦当毫无愧色。刘必显在诗歌上的精湛修养,于此也可略窥一斑。他著有《西水公诗集》传世,我们在国家图书馆至今仍可以看到此书书目。刘必显通过自己的行动为子孙树立了人格上的楷模,也开启了刘家崇文重教的风气。他的诗歌创作启蒙了后世刘家的诗歌创作传统,他的二子刘果磊落倜傥,天资绝世,诗作充满豪气,在当时山东诗坛有很大的影响。

刘必显在三子刘棨考中进士之后,就把槎河山庄的产业赠给了他,说是奖励他的。刘棨所接手的并不只是父亲的不动产,还有父亲的全部家教理念。他的家法比起父亲的更严格,他的十个儿子就是在这种家法下成长起来的。

刘棨还做了一件十分有趣的事情。大家都会想:"既然槎河山庄风景那么好,为什么不把它画下来呢?"刘棨也有这样的想法。可是这样的事情一定要请一位有名的画家来做才行。要知道,他们刘家祠堂的"清爱堂"匾额可是康熙皇帝给题的。当时刘棨已经是享誉全国的好官了,他出面请到康熙钦赐的画状元唐岱。唐岱是"清四王"之一王原祁的高徒,画艺十分高超。他应刘棨之请为刘家精心画了一幅《槎河山庄图》,与康熙的御题互为表里,记载家族世泽,流传后世。

刘棨晚年把槎河山庄交给二子刘紘熙,把《槎河山庄图》交给九子刘绂焜保管。后来,《槎河山庄图》传到了刘

李濙《质庵文集》所载《初访樵河山庄》

墉手里。

刘墉贵为宰相，书法造诣冠绝当时，堪称文艺界的领袖，拥有极大的影响力。在他的努力之下，帝王大臣名士都给《槎河山庄图》长卷写过题跋。为该图作题跋的有一代帝王（嘉庆皇帝）、两位亲王、八位宰相（六位大学士与二位协办大学士）、十五位一品大员、著名学者、书画家等，他们亲笔题写的跋语共计五千六百余字。比如，嘉庆皇帝登基前是刘墉的学生，他就为老师题过一首诗《题石庵师傅槎河山庄图》："相国家声著，洋洋表海东。披图知胜境，怀旧仰高风。嘉树人常誉，仙庄笔更工……"遗憾的是此诗在现在的《槎河山庄图》上已经不见踪影了。推究原因，可能是因为刘墉题诗在卷首，因为其所题诗是叙缘起，也只能置于卷首。但当嘉庆皇帝登基之后，再将他的题诗放在刘墉的后面，恐招致大不敬罪，刘氏后人就只好忍痛割爱了。作为刘统勋的得意门生和刘墉的知交好友、有着当时"天下第一才子"美誉的纪晓岚也有赋诗："千叠云风四面开，原非无地起楼台。如何书里莱公宅，只以孤村伴水偎。"到了道光二十五年，刘墉侄孙、官至四川按察使的收藏达人刘喜海曾向林则徐出示《槎河山庄图》。林则徐大喜，遂作诗《槎河山庄图刘燕廷喜海廉访属题》，有"槎河之槎仙所系，荫崖茆屋相回环。锦秋亭前读书处，古柚葱郁苍台班。山中宰相

槎河山莊圖
　诗题　王良信题

槎河山莊詩　有序

東坡詩中九仙山有二其云庄東武
奇秀不減雁宕宫音余家實依其麓
曾大父方伯示為別墅也以付大
父青察方伯示為別墅傳至第二伯
父家為草堂有二齋廬倍之樓萬
内室有三先文正公嘗讀書其中之
錦秋亭遠浚兄第七人耕而居此雞
相聚相略無陳地含指漸多而處不
加昔勢固東二由九仙而東為大勞小勞
莆人謂蒙成縣之崇即勞字之誤益勞
山成山也又有五蓮山明神宗時山僧皆日
有教勳建光明寺其額尚在遊九仙者必
遊五蓮詩未及跆以為一山耳圖中蒼
翠綿亘可數百里倚海諸峯而目斯五
唐生畫此基王麓臺前輩題謂可為元

《槎河山庄图》（局部）

二、从「清爱堂」走出来的名相与贤吏

（一）康熙为何御赐刘家"清爱堂"

在封建王朝时期，得到皇帝的褒奖，甚至御赐书法匾额，这对当事人以及整个家族都是十分重大的荣誉。根据已有的资料，诸城刘氏一家至少获得过康熙、乾隆、嘉庆三位皇帝所赐的七块匾额。分别是康熙皇帝于康熙五十一年（1712）应刘棨之请赐题的"清爱堂"，乾隆皇帝于乾隆三十三年（1768）主动为刘统勋赐题的"赞元介景"，乾隆皇帝于乾隆五十九年（1794）在刘墉75岁时为其继母颜太夫人八十寿辰赐题的"令寿延祺"，嘉庆皇帝于嘉庆九年（1804）在刘墉85岁时为其继母颜太夫人九十寿辰赐题的"萱辉颐祉"，嘉庆皇帝于嘉庆十九年（1814）刘镮之53岁时为其母赵太夫人七十寿辰赐题的"贞寿延祺"，另外还有乾隆专门赐给刘墉的"清爱堂"和"天香深处"两块匾额。

从中可知，刘家共有两块御题的"清爱堂"匾额，三块皇帝为女眷寿辰所题的寿匾，以及分别为刘统勋和刘墉两位父子宰相所题的各一块匾额。

刘墉作为一位著名的书法家，不仅在其家制毛笔上用"天香深处"作为"徽帜"，还经常在自己书作落款时写下"书于天香深处"的字样。刘墉本人得了一块乾隆御赐的"天香深处"就如此兴奋，恨不得要让全天下人都知道他光宗耀祖的事迹。由此可以推知，当刘家第一次从康熙皇帝那里获赠"清爱堂"匾额的时候，全家上上下下该有多么兴奋啊！想象一下那个场面，必定是欢呼如雷，感激涕零，从此立下"清廉爱民"的祖训，再接再厉，不负圣上隆恩。

"清爱堂"，是诸城刘氏祠堂的堂号，也蕴含了诸城刘氏家风的核心观念——"清廉爱民"。在这一观念的指导下，刘氏子弟在步入仕途之后，竭力克服重重困难，纷纷在各自岗位上作出不俗的业绩。

那么，康熙皇帝为什么要赐给刘家"清爱堂"呢？

多种史料都记载了康熙题写"清爱堂"堂号的始末。这件事情缘起于刘果在河间县担任知县的时候。康熙六年（1667），刘果从太原推官改补河间知县。那时候，河间县治安十分混乱，"繁剧多盗"，山贼、土匪等非法武装力量严重危害百姓的生命财产安全。刘果一到任上，针对这个极端恶劣的问题，使用了两个方法：一是用仁慈感化盗贼，使他们明大义，浪子回头，不再作恶；二是力行保甲法，使地方民众拥有更强的自卫抵抗能力。保甲法是当年北宋时王安石变法推出的一项政策，对加强地方武装、稳定社会秩序有很大作用。内容是各地农村住户，每十家或五家组成一保，五保为一大保，十大保为一都保。凡家有两丁以上的，出一人为保丁。农闲时集合保丁，进行军训；夜间轮差巡查，维持治安。保甲法把各地人民按照保甲编制起来，可以使当地的壮丁接受军训，组成民兵，与政府军互相照应。这样既可以节省政府雇佣军队的大量费用，又可以建立起严密的治安网，稳定社会秩序。王安石当初推出这项改革措施，除盗是首要的目的。刘果的保甲法和他的仁政能够互相补充，两手对策一硬一软，双管齐下，取得了立竿见影的效果。

后来因遇上一件颇有传奇色彩的事，刘果一下子便成了受康熙睿赏的俊才。

那是在康熙九年（也有史料称八年），不到 20 岁的康熙皇帝微服私访，走到河间境内，遇见一位白发儒生，问河间知县刘果政绩如何，该位老者对刘果赞叹不已，说自己活了这么大年纪，刘果是他遇上的第一位好官。康熙跟老者交流时，随从不多，谈完话后，卫士云集，金甲照日，老者才知道他眼前的这位青年竟是当今圣上，吓得全身颤抖不已，赶紧跪下给皇帝叩安。知道河间知县刘果甚得民心，康熙对刘果的兴趣立刻就来了，于是，赶紧让卫士通知刘果觐见，他想亲自考察一下这位知县到底能力如何。他让刘果随从自己十余里，问了许多有关地方政务的问题，刘果对答如流。康熙不禁龙颜大悦，当场就要提拔刘果，因为刘果还有一些公务没处理完，遂要求他在完事后到刑部报道，从正七品的知县超擢刘果为正六品刑部江南司主事，预修《大清律》，并称赞刘果"清廉爱民"。

这句"清廉爱民"就是后来"清爱堂"所包含的意义。"清"是"清廉"的简称，"爱"是"爱民"的简称，"清爱"合起来，就是"清廉爱民"之意。

"清廉爱民"在当时只是康熙对刘果所下的一个口头结论，题写匾额的事情则要等到近四十年之后。康熙四十八年（1709），康熙下诏命九卿推举全国清廉有才干的官员，以知府的身份被举荐的，只有刘棨与陈鹏年二人。当时刘棨是平阳知府。凭借这次评比，次年刘棨就升任天津道副使。那年康熙南巡，刘棨奉命迎驾五台山。借觐见之机，刘棨上奏皇上，提及四十年前，二哥刘果在河间知县任上曾蒙皇上"清廉爱民"褒奖，并顺便请求康熙赐书。康熙念及刘果、刘棨兄弟二人都有"清廉爱民"之风，十分高兴，遂为之题写了

"清爱堂"堂号。时年为康熙四十九年（1710）。

康熙皇帝为刘家题写此堂号，可以说既有对刘果、刘棨两兄弟为官风采的表彰，又饱含着对刘氏家族的殷切期望。刘家以"清爱堂"命名其刘氏祠堂，目的当然不外乎两个：一记恩荣，二借宸翰教育后世为官子弟"清廉爱民"。

我们都知道，祠堂是供奉祭祀列祖列宗的地方，对于一个家族及其内部成员来说，这是最神圣的地方。儒家讲究"齐家治国平天下"，齐家是一个有作为的士子所必须达到的第一条要求。刘家自有康熙皇帝御笔亲赐"清爱堂"堂号之后，巨大的荣誉感和强烈的责任感相伴而生，就使刘氏子弟不自觉地为对得起这一荣誉、为彰显祖德、延续祖风而自警自励，使清廉爱民成为自己为官的行动指南。刘家从政子弟多达二百多人，竟没有一个是贪官。应该说，康熙御赐"清爱堂"的时候就已经为刘家成就的这千古美谈播下了珍贵的种子，而后来，乾隆皇帝追赐的"清爱堂"，无疑更加强化了刘家清廉爱民的家族传统。

（二）二伯祖刘果的大志向

刘果，字毅卿，号木斋，是刘必显的第二个儿子，刘棨

的二哥。我们在前面已经知道，刘棨是刘罗锅的爷爷，那么刘果就是刘罗锅的二伯祖了。

刘果的一生，富有传奇色彩。他这个人，是个有大志向的奇才。他年轻时，有几件奇事值得一提。

头一件，他幼年时非常愚钝，六岁进家塾，读书转眼就忘，只会昏昏欲睡，家里人对此很头疼。这时候，有一个黄冠道士来刘家求见，看到年幼的刘果，拉着手凝视着他，说了几句话，便忽又辞去。没想到这之后，刘果忽然就开了天眼似的，立刻就像变了一个人，成为读书作文的高手。

第二件是刘果从小体魄强健，有胆气，善于骑射。明朝崇祯十五年（1642），清军于明亡前最后一次入关。据《东华录》载，此次清军由多尔衮、岳托率领，自墙子岭、青山口入长城，明朝政府不敢迎敌，就固守北京。于是清军兵分四路绕过北京，转而攻掠周边地区。东下的主力到达山东，明宗室鲁王及以下将军、官吏数千人被杀，山东大部分地区备受蹂躏，清军掠得黄金 12250 两、白银 2205270 两、珍珠4440 两、牲畜 321000 头以上，俘获 369000 人以上。当时的山东必定是满目疮痍，不仅清兵作乱，山东本地的土贼也乘机劫掠。在这兵荒马乱的时节，刘必显不幸被土贼劫持。其时年方 16 岁的刘果一见不妙，便弯弓搭箭，大喝一声，一箭射出，土贼应声倒下，刘必显这才逃脱。就这样，刘果屡

次救险，保得父亲及家人平安。

第三件是刘果身材伟岸，"疏目美髯"，神采飞扬，长得像关公一样，人们都称他为"髯仲"。根据好友著名诗人田雯的描述，刘果"长髯大腹"，而且"磊落倜傥，天资绝世"，豪气不时散发出来。人们光看他的长相气质，很难想象他是一个文官而不是一个武将。

事实上，当时的确有人想提拔刘果做武将。就在他射箭救父一事的两年之后，李自成已经攻破北京，崇祯皇帝在煤山自缢，清兵入关，明朝王室及官员逃到南京，组成南明政府。而刘家这时也由刘必显带领到金陵避难。同县人郑瑜与刘必显是表亲，以御史的身份巡视京营，对刘果的才能十分惊奇，当时就想招募他到军队中做军官，但被刘必显阻止。之后回到山东老家，刘果就发愤为学，弃武从文了。

刘果奋发苦读的结果就是在科举上的成功。他于顺治十一年（1654）中举，又于四年后顺治十五年（1658）中进士。

刘必显做官清廉自持，"风裁峻整"，办事一丝不苟。这种为官之道被刘果很好地继承了下来。刘果步入仕途的第一站是太原推官。一上任就发生了一件趣事。那时候有个富人，要进行一场关于财产的诉讼，用黄金五百两做成黄鼠贿赂刘果，被他严词拒绝，这在当地被传为佳话，有一首歌谣

其中一句唱道："死黄鼠瞒不过活青天。"刘果的为官作风可见一斑。

康熙六年（1667），刘果改任河间知县。他又凭着仁政和保甲法两项手段整治当地土匪，颂声洋溢，连康熙都夸奖他"清廉爱民"。这在上一节中已有交代。

康熙是个有眼光的英明皇帝，明白以刘果的才干和志向，放他在河间县这种小地方，是大材小用。于是，果断提拔他担任刑部江南司主事，预修《大清律》。刘果的刑名学造诣在这时就充分显露出来。他对律法条例多有订正，连他的上司刑部尚书艾元征、姚文然，每有疑难之处都要找他商榷。

具备如此出众的才学，很快，刘果不出人意料地又升任四川司员外郎，进浙江司郎中，官至正五品，以"循良"闻名，后又升任江南提学道佥事。须知，江南一带，文人囗间难免有一种萎靡油滑的风气。但刘果是个雄武非凡、关公一般的伟男子，一到任上，立刻就将当地风气矫正了过来。在江南任上，刘果还发掘了很多人才，最典型的例子莫过于戴名世。戴名世是清初一大文人，桐城派的先驱。他对刘果的知遇之恩常怀感激，从他诸多文章中都可见一斑。在这个意义上，刘果也成了刘家人识才爱才的典范，后来刘统勋、刘墉、刘镮之都继承了他这一点，发掘并举荐了众多当时的一

流人才。

江南提学道佥事是刘果仕宦生涯的最后一站。不久，刘果因为继母孙氏去世，立刻辞官回家奔丧。临行前，还专门请戴名世为孙氏撰写了一篇情真意切的墓志铭。在为母守制之后，又因为父亲刘必显已经年老体弱，就决定不再复出，而是在槎河山庄照顾父亲安度晚年。当刘必显以 93 岁高龄去世时，刘果也已年近古稀，就没有再出仕的必要了。结果在辞官 20 年后，刘果在 73 岁的时候离世。

当时有人形容刘果的为人：居官刚劲不可挠折，与人交往，一开始好像难以相处，时间一久就喜欢他的坦率平易。刘果长于言语，声如洪钟。一遇事，是非曲直辩说得非常清楚，令满座都为之倾服。年少时意气自豪，一旦得知有人有难，他脱手就是数百金，毫不犹豫，为别人解燃眉之急胜过考虑自己。非常讲义气，朋友遍天下。出仕时衣冠马车装饰得很好，仆从很多。老年时隐退回乡，销声匿迹，出入只骑一头凸尾草驴。官吏经年都见不到他一面。

刘果对夯实刘氏家族根基起了重要的作用。除了继承从刘必显那儿流传下来的"清廉爱民"、"风裁峻整"的为官风气之外，他还为刘氏家风增添了不少新的内涵：诉讼断案事关性命，刘果立下了"矜慎刑狱"的先风，后继子弟不乏青天、况钟之类人物；而刘统勋、刘墉、刘镮之等识才爱才、

刘果为诸城马既哲族谱所写序言

取士得人却又杜绝奔竞之风，亦是源自刘果。

刘果还是第一个为刘氏诗歌赢得社会声誉的人。他著有诗集《芜园集抄》，被著名诗人田雯称誉为"权舆历下"。"权舆"是"起初、开始"的意思。由此我们可以推断刘果之诗在田雯心目中占有重要地位，认为他的诗是清代历下诗派的引领者、开创者。田雯说刘果豪气纵横，不专力于诗，偶尔发之吟咏，在七言律诗上，尤为出色。

那么我们就来看一首刘果的七言律诗《寄长沙家弟》，体验一下他的豪杰胸怀。

> 三年路隔水盈盈，岳麓山头雁字横。
>
> 爱尔风流新令尹，赠君清白旧家声。
>
> 慈能利物方成惠，廉足招尤为好名。
>
> 使气恃才皆俗吏，循良自古尚和平。

这首诗是写给当时在湖南长沙做知县的三弟刘棨的。诗中"清白"、"慈"、"廉"等字眼将刘氏家族的家风很好地表达了出来，既有对刘棨的期望，也有对他的鼓励和劝勉。最后一联"使气恃才皆俗吏，循良自古尚和平"是全诗精华所在，凝聚了刘果一生的体悟。结合自己的官宦生涯，他领悟到那些"使气恃才"的都是俗吏，只有小才气，没有大智慧，成不了大器，而唯有循良和平的人才能不俗，才能取得卓越的成就。因为他们真正能够做到"慈能利物"，清廉自持，不惜因坚持自己的正直而招来同僚的排斥。他们是真正为天下苍生着想而非为一己之私考虑的贤达。他将自己的感悟通过诗的语言传达给弟弟刘棨，真情流露之下又对他寄托着多少殷切的期盼啊。

刘果能写出这样的诗，绝对是有大志向的，但他出于孝心，为母服丧、照顾老父而放弃了自己后半生的政治生涯。时运如此，使他无法在更广大的平台上施展才华。未尽其才，殊为可叹。不过，值得庆幸的是，他的侄子刘统勋和侄孙刘墉，继承了他的遗志，真正以"循良和平"的姿态先后做了宰相，替刘果践行大志，实现了夙愿，将家族门第推向了历史浪潮的巅峰。

（三）爱民如子的爷爷刘棨

第一章中有"爷爷刘棨的为人"一节着重讲了身为刘墉爷爷的刘棨的为人特点。那么，在这里，我们就来具体讲讲刘棨爱民如子的为官之道。

前面已经讲到了刘棨最初当官时的业绩。他在陕西宁羌

州任知州时，发动饥民运粮，"凡运一斗者给粮三升"，结果不到十日，便运粮三千石。他这一创造性的政策可谓一举两得，既解决了官粮难运入山的问题，又及时填饱了饥民的肚子。

而次年春天，他持檄赴洋县赈灾的事迹更加感人。拿官粮赈灾是要还的，但当地如果秋天农作物歉收的话，官粮根本无从还起。如前所述，刘棨跟洋县县令约好，如果秋天歉收，竟准备替全县百姓还粮，就算为此倾家荡产也在所不惜。他这么说，是因为他清楚地知道，宁羌州老百姓太穷，自然灾害又多，秋粮歉收的可能性很大。官爱民，民也爱官。当刘棨赈灾完毕，即将离开的时候，全县老幼持香围拥在刘棨马前，把路都塞住了，过了整整三天，才得以启程。到了秋天，洋县各地百姓奔走相问："刘爷活我，我忍负刘爷乎？"这句原话极好地表达了百姓对刘棨感恩戴德之情。他们知道春天最困难的时候是刘棨作保赈济了他们，如果秋天还不起，刘棨就要倾家荡产替他们还。于是就争先恐后地赶赴厅仓还粮，所还之粮，最后竟然超出原额百石之多！

不过后来刘棨还是为宁羌州百姓"破财"了。当地太贫困，欠税非常严重，刘棨十分宽厚，为了成全百姓，蜜粟笋蕨，一切土地上生长的，都可以充税，悉听民便。尽管如此，最后他还是把自己山东老家的田卖了，才替百姓缴

够税。

刘棨为宁羌州的富强可谓绞尽脑汁，补栈道、修旅舍等，一刻不歇。一天到村里勘探，看到山中有很多檞树，适合用来养蚕。他高兴得不得了，立刻命人到山东老家招募数名擅长养蚕的人，运蚕种数万个到宁羌州。他带人教州民养蚕、取茧、纺织，很快，州民就获益良多。他们出于感激之情，将这种丝绸命名为"刘公绸"。后来桂林人陈文恭做陕西巡抚，还向刘棨请教，将养蚕的方法教给其他州县，从此，陕西从事养蚕的人越来越多。

眼看着宁羌州逐渐富裕起来，刘棨又立刻将精力投入文化教育当中。他设立书铺，从商人那里买书供州民购阅，还设立义学，提倡文化，发展教育。刘棨作为一个饱读诗书的文官，有时甚至还亲自去义学授课，最终使三百年未曾有人中举的宁羌之地，出了两名举人。

一心为民的刘棨可谓为官一任，爱民有心，益民有术，化民有方。因此，总督、巡抚都向上面举荐他。

康熙四十年（1701），刘棨因宁羌州的杰出政绩升任宁夏中路同知。未及赴任，他的生母杨氏去世。刘棨照理应该要丁忧回乡服丧，但他因为前面所说的替百姓还了税的缘故，手头紧张，没有钱应付自宁羌州回诸城数千里的路费。最后刘棨只好写信向四弟刘棐求援，让他代为变卖自己老家剩余的田，以便凑齐盘缠回家。但刘棐一看刘棨上一次为民还税早就已经将良田卖得差不多了，所剩无几的田太贫瘠了，不值几个钱，于是就把自己的田捡好的卖了，把筹来的钱给哥哥送去。刘棨这才得以成行。宁羌州的百姓得知清官刘棨的窘迫之后，不顾自家困难，都争相出资为他筹集盘缠。不管刘棨怎么劝告，这些感恩图报的百姓就是不听，非要让刘棨把钱收下不可，最后逼得刘棨没办法，只好拿出刘棐的家书给百姓看，说田已卖掉，路费已筹集好，老百姓这才罢休。

刘棨为母守丧三年后再次出仕，因为之前的业绩，被康熙皇帝召见，授予平阳知府的重任。接着就是康熙四十八年（1709），九卿受诏选举天下清廉有为的好官，刘棨名在其列。于是次年，刘棨便升任天津道副使。

不久，刘棨又升任江西按察使。那时正值恩诏大赦，刘棨一一勘察每个死囚的案子，对每条罪因都详细辨正，看能不能够上大赦的标准，最终得以豁免死罪的多达百余人。刘棨的这个做法跟他二哥刘果做太原推官时，录欧阳修《泷冈阡表》"夜烛治官书"一段于壁，尽量为死囚找生路的做法何其相似！同是出于一颗仁爱之心，竭尽全力救人，宽恕他们过去犯下的罪，给未来的人生打开一条自新之路。

康熙五十二年（1713），刘棨晋升四川布政使，从二品，是名副其实的高官。赴任时途经平阳、宁羌，两地的父老得知过去的父母官刘榮自此经过，纷纷夹道欢迎，声震山谷。到了四川之后，诸事繁忙，刘榮更加勤厉，没有片刻松懈。三年后的春天，康熙又问九卿地方上清廉耿介的官员，九卿一共推举了四个人，刘榮再次名列其中。康熙了解了状况，驾幸汤泉时，又特别把刘榮的政绩讲给身边的近臣听。那时正当朝廷推举巡抚，他们一听皇帝都表扬刘榮，赶紧一致推举他。康熙很高兴地采纳了，但并没有急着升刘榮做巡抚，因为当时四川正值用兵之际，无法轻易调动人员。可他万万没想到的是，当时在四川筹划兵备的刘榮已经染上重病了，次年，就死于任上，年六十二。真可谓鞠躬尽瘁，死而后已。想必康熙收到这个噩耗，也会扼腕叹息吧。

从刘榮的仕宦生涯来看，他既清廉正直，又能救民于水深火热之中，同时又富民有术，开化教养有方，这为他赢得了全国性的名誉，更得到了皇帝的信任，有再获重用的可能。这样的全国性影响不仅其父兄刘必显、刘果无法与之相比，即使在全国同级别的官员中，也少有可以抗衡者。大概正因如此，《清史稿》为布政使立传不多，但"循吏传"中刘榮之名却赫然在册，《清史列传》中也有刘榮的传。

刘榮的儿子刘统勋、孙子刘墉均官至宰相，官衔当然比他大得多，但他们父子却正是在刘榮的影响下，站在由刘榮为他们奠定的社会基础上，才跻身上流位置的。由此可见，刘棨用自己的行动为后世子弟树立了一个绝佳的榜样，继父亲刘必显、二兄刘果之后真正稳固了诸城刘氏"清廉爱民"为官风气的根基。

（四）六叔刘组焕家书透露的家风秘密

刘墉的六叔刘组焕曾给远在砀山县做县令的儿子刘臻写过一封家书，里面的内容主要就是一首叫作《寄示臻儿》的七言律诗。诗是这样的：

别来已是再经春，
闻尔仁声政克敦。
心警恫瘝如保赤，
情殷桑梓善推恩。（注：余家原籍砀山。）

清勤永励媲三异，
敬慎常怀对九阍。
我勉簿书儿抚字，（注：余官户曹。）
循良家学共图存。

诗中讲述了刘组焕听闻爱子刘臻在诸城刘氏祖籍砀山县做官的仁政之风，用"清勤永励"，"敬慎常怀"来勉励他，又与之共勉，立志共同坚守刘氏的循良家风。在诗中可以看到一个父亲对孩子的嘉许和殷切的期盼。浓浓的父爱背后，刘氏家风的要义极为清晰地展现在我们面前。我们可以从中感受到，刘氏家族的长辈是如何利用家风来熏陶、教育子孙的。

想要更深层次地理解这首诗的内容，我们不妨来简要地考察一下刘组焕和刘臻父子二人的为人和事迹。

刘组焕，字尔立，号桐园，是刘棨的第六个儿子，排在刘统勋后面。刘组焕是个十分有才的人。刘墉是 8 岁那年开始学业的，而他的入门老师就是六叔刘组焕。作为刘墉的启蒙老师，刘组焕带他读书、练字，为刘墉将来学富五车、书法雄睨有清一代打下了坚实的基础。

刘组焕的仕宦生涯也很有意思。先是凭借父亲刘棨的余荫而做了一个叫行人司行人的小官，当时朝中的两位礼部尚书吴襄、张大有都很器重他。很快，他就被提拔为礼部精膳司主事。乾隆元年，外出做山东河南颁诏使，回来后，和硕履亲王看中他想破格举荐他，被他推辞，改任中书科中书舍人，不久调任户部福建司主事。在任上，又被大学士蒋溥、裘曰修看中，想要破格举荐他做本司员外郎，又被他推辞。

后来以足疾归家，居六年，58岁去世。

从中可见，刘组焕的才能还是比较出众的，两位礼部尚书、和硕履亲王、两位大学士都很赏识他，后三者甚至都想要破格给他升官。他做过的官都不算大，究其原因，并不是他无法胜任更高的位置，而是他自己不想升迁，最后得了"足疾"就辞官回乡。在一般人眼里，他简直就是个不可救药的傻瓜。哪有扣上来的乌纱帽不要的？还是两次？

不知大家注意到了没有，在刘组焕身上，我们能够清楚看到祖父刘必显的影子。或许刘组焕的性格也略接近刘必显，个性偏于自由烂漫，对做官没有太大的欲望，对功名利禄毫无兴趣，出仕只是想为子孙做个表率。目的达成之后，他就快快回家，乐得逍遥自在。

刘组焕的三个孩子刘臻、刘界、刘䎣也确实个个有出息，都没有辜负他的期望。加上他的另一个学生侄儿刘墉，刘组焕可以称得上是家族内部的一位教育家。

刘组焕的长子刘臻，字凝之，号筼谷，在刘棨的孙子辈中排行十三。刘墉在刘棨孙辈排行十一，刘奎排行十四。所以，刘臻是刘墉的弟弟，刘奎的哥哥，年龄差距并不太大。刘臻是乾隆九年（1744）的举人，充咸安宫教习，初授砀山县知县，敕授文林郎，浙江嘉善县知县，调任定海县知县，又调回嘉善县知县。享年66岁。

刘臻的仕宦履历简明又清晰，从中可知，他的整个政治生涯都是在知县的任上度过的，砀山县、嘉善县、定海县，最后再次回到嘉善县。砀山县是他步入政坛的第一站，而这里对刘氏家族来说，更有着非同一般的意义。

刘组焕在《寄示臻儿》第二联后有注：余家原籍砀山。是的，根据嘉庆十九年（1814）诸城刘氏共同修撰的族谱记载，在明朝弘治年间，始祖刘福带着儿子刘恒等就是从砀山迁到诸城的，因此，在近三百年后刘臻回到刘家祖籍砀山担任知县，对整个家族来说就有着特殊的意义了。

那么，刘臻在砀山县知县的任上到底有过哪些值得刘家欣慰甚至自豪的政绩呢？

根据史料记载，刘臻在担任砀山县知县时，其政绩是很突出的，值得称道的主要有三件事。

先说第一件事，我们先来还原一下当时砀山的地理状况，跟现在有很大的不同。当时砀山县是紧挨着黄河的，1855年黄河才改道北徙山东，成为我们现在看到的样子。之前的路线是自河南省兰考北朝东南方向，过民权县、商丘市北，再流经砀山县北、徐州市北、宿迁市南、淮安市北，再折向东北方向，过涟水县南、滨海县北，由大淤尖村入黄海。了解了这一点，我们就能理解后面的事了。正因为紧挨黄河的缘故，官府向百姓征召的杂役就特别多，比正供还要多，这样一来，百姓的压力就非常大了，常常怨声载道。正是刘臻"调剂有法"，既完成了上面派下来的任务，又给百姓减了负担，这才使得当地百姓能够松口气。

再说第二件事，砀山在河南省东面，相对来说位于黄河下游。我们都知道黄河"脾气"不好，流经的州县都要建堤防。但河南省遍设堤防，太过火了，这在古时候被称为"曲防"。《孟子·告子下》里面就提到过治国不能设曲防，为了本地的小利，而把周边地区的利益置之不理，其后果是壅泉激水。黄河在河南倒是被压制得没有脾气，但到了下游，到了砀山县，却随时都有决口的危险，让那里的人民怎么办？刘臻意识到问题的严重性。事关重大，还牵扯到两省之间的协调。他为民请命，将两省大吏聚到一起勘探黄河堤防，对不该设堤防的地方勒石禁止，颁布法令。这起事件极好地反映出刘臻对水利的洞见，他眼光看得远，心系百姓，同时又有着高超的斡旋能力，以区区一个知县的身份就能调动到两省大吏来处理事务，叫人不得不竖起大拇指。

最后说说第三件事，黄河终究还是决口了，但不是在砀山县，而是在相邻地区。当时，刘臻有病在身，闻讯后不顾安危，立刻奔赴河堤，又装了数千斤秸料运往，河督很欣赏他，要往上举荐。但那时候刘臻的伯父刘统勋正好奉了乾隆之命来巡视黄河灾情。刘统勋是乾隆最为倚仗的水利重臣，黄河决口的大事，乾隆就派刘统勋来处理。这倒好，河督有心要举荐刘臻，向谁举荐呢？不是别人，正是伯父刘统勋。虽然有"内举不避亲"的说法，而且刘统勋也恪守这条原则，但身为他的侄子，刘臻却不想难为他，以免外人说刘家人内部通气，谋求升官发财，败坏家族声誉。于是，刘臻坚决不让河督举荐他，甚至干脆辞官不做了。

这三件事都跟黄河有关，可见刘臻很好地汲取了家族在水利学方面的成果，学以致用，救百姓于危难之中。正如父亲刘组焕寄给他的诗中所说，他怀着一颗赤子之心，对祖籍人民怀着感恩之情，清勤敬慎，保有祖风。最后，砀山县的人民为他立了德政碑，感激他为当地作出的贡献。

刘臻还是诸城刘氏最有诗才的子弟之一，时人对他评价很高，说他的诗"雅而醇，正而不肆，深得风人之旨"。因章学诚与袁枚声名大噪的清代才子画家童钰对刘臻评价甚高，给他的诗集作序，称他为"旷世轶才"。

刘臻就是这么一个富有才情，做官又能"清勤"、"敬慎"、恪守"循良"家风的人。

这让我们联想到前文提过的他的二伯祖刘果写给三弟刘棨的诗句："使气恃才皆俗吏，循良自古尚和平。"刘臻虽然身负"旷世轶才"的美名，但并没有使气恃才，而是一直坚守着"循良"的祖风，体现出刘氏家族成员所拥有的大志向、大气魄。

刘组焕寄给臻儿的家书可以说是诸城刘氏注重家教最为典型的一条材料。寥寥数语的家书透露出了刘氏家风最核心的内容，让我们从中得知，在日常生活当中，刘家的长辈就是这样时时刻刻以身作则，劝勉子孙将家风传承下去的。家族无论多大，都没有什么特别的，只是平实、自然地做着该做的事情，然后，一切都水到渠成了。

（五）老爸刘统勋的名相气度

刘墉的老爸刘统勋在整个清朝算得上是一等一的大人物。虽然刘罗锅现在的名气比他老爸更大，但论起实实在在的政治才能，同样身为宰相，刘墉比老爸还是差了不少。

刘统勋生前作为乾隆皇帝的左膀右臂，深受倚重，乾隆甚至对他始终存有一种敬畏之情。刘统勋去世时，乾隆痛惜落泪，对左右近臣说："如刘统勋方不愧为真宰相。"乾隆还作诗一首来纪念刘统勋，这首诗就是《故大学士刘统勋》，诗中有一段说：

遇事既神敏，秉性原刚劲。

　　进者无私惑，退者安其命。

　　得古大臣风，终身不失正。

　　既"神敏"，又"刚劲"；进退得宜，有古大臣之风；作为宰相，终身正直，进贤黜佞——在历史上皇帝对臣子的称誉中，恐怕极少有更好听的话了。

　　作为一代英主，皇权在握，威柄不移，乾隆常常自称乾纲独断，在位六十年，叱辱群臣如奴隶。但唯有对刘统勋"颇敬惮之"。他为了强化统治，削弱臣权，反对将大学士称为宰相，但在刘统勋去世时，他又情不自禁地称刘统勋为"真宰相"。可见，刘统勋的名相气度极为深刻地烙印在乾隆心目当中。

　　乾隆常常给予刘统勋各种超规格礼遇，究其原因，除了刘统勋人品极其高尚，朝廷上下莫不敬服以外，其过人的胆识、断大事定大计的超常能力，恐怕也是这位英主不得不恭而敬之的原因。因为这位英主也有烦懑无计，进退不得，不得不向臣下请教之时。看看清代史料，乾隆因烦懑无计向大臣请教的对象，似乎只有刘统勋一人。在水利方面，"抗洪抢险"的重活只有刘统勋最得乾隆信任，而在刑名方面，多项疑难大案只有交给刘统勋查办乾隆才是最放心的。这正是由于刘统勋遇事神敏、足智善断又忠谏刚直，往往能为皇帝分忧的结果。既然如此,乾隆就不得不把刘统勋视为帝师,恭而敬之。

有两件事堪称典型。

其一,大小金川之战。大小金川位居川西边陲,乃弹丸之地,物产有限,但山林茂密、瘴疬弥漫、道路崎岖、山洞丛集,可谓易守难攻。而且土地贫瘠,取之意义不大,但要攻取,却将耗银无数。于是,刘统勋在开战之前,竭力反对战事。当时乾隆好大喜功,并不听他的话,执意要攻下大小金川。要做大的战役,就要先做战争动员。兵马未动,粮草先行,乾隆集结三路大军,粮草辎重、人员、运输、后勤供应,就需要牵扯大量的人力物力。结果却一战即溃,元帅温福战死,三军只有阿桂一军独全,损失十分惨重。这时,乾隆才意识到问题的严重性,想退兵又不甘心,不退兵又不知后果如何,坐卧不安,愤懑无计。当时他身在热河,而刘统勋留京代理国务。他下令刘统勋一日半内奔驰到热河决疑定计。见面后,乾隆对他说:"昨日军报,元帅温福战死,朕烦懑,主意不定,用兵乎?撤兵乎?"刘统勋就回答:"之前可以撤兵,现在则断不可撤。"乾隆又问:"谁可担当大任?"刘统勋又回说:"臣料阿桂必能成其事,请授予他重任吧。"乾隆思考良久,终于说:"你说得对,朕就这么定了。你留京事重,即日回去吧。"之后阿桂挂帅,果然攻取了大小金川。事实完全如刘统勋所料，整场战争费时五年，调兵十万，耗银七千万两，至少是乾隆时清政府一年的财政收入，对当时的国民经济产生了巨大影响。所幸经刘统勋为乾隆决疑定计，使战事步入顺境，给乾隆的十全武功添上了一条。不然，钱粮废掉，战事再败，局面将会变得不堪收拾，可见刘统勋对于乾隆而言，具有多么重要的作用。

其二，笔帖式事件。笔帖式是满语，意为那些在衙门中处理文书的满族人。他们是八旗出身，不需要经过为汉族而设的科举考试。当时西部边疆刚平定，户部奏天下州县财库粮仓多有亏空，乾隆震怒，想要尽数罢免州县长官，而用笔帖式等代替。但事关重大，因为州县是整个王朝统治的基础，笔帖式是满人，满人多横行不法，比科举上来的州县汉人官吏可能为祸更烈，一旦基础不牢，整个王朝便会地动山摇，因此他犹豫不决，很想听听刘统勋的意见。刘统勋深知一旦劝不转乾隆这因一时之怒而生的糊涂念头，社稷苍生将会蒙受巨大灾难，因此不管乾隆如何暴躁，尚未想好如何劝说的刘统勋就是不表态。直到乾隆变脸怒责时，刘统勋才不得不用了一缓兵之计说："皇上聪明睿智，思考了三天还未定下，老臣糊涂，实在不敢贸然回答。容我回去仔细思考一下。"第二天入对，已经想得十分通透的刘统勋顿首说道："州县治百姓者也，当使身为百姓者为之……"意思是说，州县那些官是我们依靠来治理百姓的人，应当让那些真正为百姓利益着想的人去充当。话还没说完，乾隆就愁眉顿展，说："好！你说得对！"一件天大的事，就这么看起来似乎很平淡地被刘统勋平息了。回顾前一日，当时的气氛可是乌云翻腾，电闪雷鸣一般，当乾隆发怒，要求刘统勋马上回答，而刘统勋就是迟迟不肯回应之时，同僚们的脸色一下子全都吓白了，事后，他们想想刘统勋那种进退凝然、稳如泰山的气度，都不由地从心底里佩服这位与自己朝夕相处的名相！

这两件事既说明刘统勋能断大事、力挽狂澜，又能展现出他一副真心为民的宰相心肠。大小金川之战前，他的进谏，绝非寻常进谏。需知他一生唯一栽过的大跟斗就是他不久以前劝谏乾隆放弃如大小金川一个类型的这个地方。结果惹得乾隆龙颜大怒，认为刘统勋是谣惑舆情，动摇军心，不仅最后刘统勋自己被撤职查办，命悬一丝，甚至他的两个儿子刘墉、刘堪也被牵连全部被逮捕入狱，连全部家产也被查抄以抵军需。俗语讲，伴君如伴虎，一点不假！如果这次他接受教训，十缄其口，以君心为己心，附和乾隆意见，就无须承担任何责任。但刘统勋毕竟就是刘统勋，他还是不计个人安危地进谏了。说得难听一点，幸亏温福战败，如果温福旗开得胜，依一贯自作聪明的乾隆性格，他肯定要在炫耀自己决策多么英明正确的同时，狠狠地臭刘统勋一通。至于笔

乾隆二十年（1755）刘统勋被抄家时清单

帖式事件，更显示出刘统勋在朝廷中砥柱中流的名相本色。

所谓能力越大，责任越大，一个好知县，跟一个好宰相，虽然同为爱民如子的好官，但二者的影响还是有天壤之别的。刘统勋身为最受皇帝倚仗的重臣，参与最高决策，将"清廉爱民"的理念从最高层传达出来，能量遍布全国，这是刘氏其他为官子弟做不到的。

刘统勋还曾担负组织编纂《四库全书》的重任。他曾担任四库馆正总裁，四库馆的筹备以及创立初期的各项工作，很多也都是由他负责。大名鼎鼎的纪晓岚就是他一手提拔上来的学生。纪晓岚曾记下过老师刘统勋的名言："士大夫必有毅然任事之心，而后可集事；必无所牵就附合，而后能毅然任事；又必一尘不染，一念不私，而后能无所牵就附合。至于仕宦升沉，则有数焉，君子弗论也。"这话太经典了，以至于翻译都是多余的。刘统勋的名相气度在这里一览无余。

因此，我们也能够理解，为什么当刘统勋在任上去世之时，乾隆痛哭流涕，说："朕失去了一位股肱之臣。"如此一位品行高尚，能帮他把全国大小事务料理得井井有条的重臣去世，能不如断臂膀去大腿吗？治水查案，举贤任能，参劾歪风，查究贪腐，决疑定计，细细查看刘统勋过手的政事，就能发现他把整个国家都扛在肩上。乾隆心知肚明，所以当刘统勋去世之时，获得了人臣最高美谥"文正"。这可是乾隆一朝六十多年，盖棺定论时，唯一获得这个最高评价的大臣。

清人李雨村在代吴垣所拟的祭刘统勋文中，有两句名言，一语切中刘统勋其人的性情，一时为人广泛传颂：

　　人惮王陵之戆，天怜汲黯之忠。

时人在这里将刘统勋比作汉朝的两位大臣王陵、汲黯。西汉王陵助刘邦取得天下后，被封安国侯。为人任气、好直言。汉高祖认为他可以在萧何之后继任相国。高祖死后，吕后欲封诸吕为王，王陵直言不可。吕后大怒，就将王陵的官职迁为太傅。王陵不妥协，直至去世，谢病不朝。事见《史记·高祖本纪》、《汉书·王陵传》。后人以"王陵戆"（戆zhuàng：刚直，戆直）喻大臣之刚直不阿。而汲黯在汉武帝时则以直言切谏闻名。汲黯认为，皇帝设三官九卿百官是来协助治理天下的，如果臣僚们都顺情说好话，讨皇帝一时欢喜，到头来只能把皇帝引到邪路上去。大臣们如果处处都为自己的荣辱去留考虑，天下就遭殃了。这是典型的忠君报国思想。故后世以"汲黯之谏"谓大臣之忠君爱国。

不过，刘统勋虽兼具王陵之戆、汲黯之忠，却比这二人更有恢弘的宰相气度。对王陵，他取其直，而去其不合作；对汲黯，他取其忠，而去其孤傲自负。他的手下名士对他的这些特点有切身感受。他们是这样描述刘统勋的：他在朝的时候，介然独立，清正耿介，人多敬畏他的严正；而与士大夫交往的时候，又未尝不和蔼可亲。内外臣工，无不敬仰他的刚正果敢，情意醇和又不会过分严峻。

实事求是地讲，作为一人之下万人之上的一代名相，如果因为与一代明君见解不同便拂袖而去，那肯定不是一种宰相气度。因为戆直忠君便孤傲自负，就脱离了大小臣工，更难以驾驭并调动部下的工作积极性。因此，刘统勋既有对皇帝戆直尽忠、对大小臣工绝不私干的冰雪情操，另一方面，向皇上进谏时讲究方式方法，易于接受，对大小臣工又有蔼然可亲的一面。唯有如此，才能对上更好地辅佐乾隆皇帝，对下更好地组织协调下属们的工作事务。刘统勋的戆直尽忠既有自己刚直的特色，又能顾全大局，堪称一代名相的上上之选。这其实就是刘氏家族长者对其后人一直念叨不已的"循良吏风"。这一为官理念在刘统勋这里被演绎至化境了。

刘氏家族的第八世人才辈出，刘棨的十个儿子，大多都步入仕途，如刘缙炤、刘绶焈、刘綎煜、刘组焕、刘纯炜。他们都秉持"清廉爱民"的家风，在官场上荣辱与共。而刘统勋作为其中最杰出的代表，达到了刘氏家族的仕宦最高峰。他是诸城刘氏子弟卒后进入贤良祠的第一人，也是第一个死后得到谥号的人，而且其谥号还是象征人臣最高荣誉的"文正"。他把自己那种一代名相的气度注入到了刘氏家族的历史当中。他的晚辈们时时刻刻都对他"高山仰止"，将其奉为楷模。而他的儿子刘墉，则步其后尘，成功登上宰相之位，且同为名相。刘统勋对家族的贡献可谓大矣。

（六）刘罗锅本人的名相之品

"宰相刘罗锅"，这个称号如今几乎已成为刘墉最大的名头。但实际上，按照清朝"非军机不得为真宰相"的说法，刘墉还算不上"真宰相"。不过，民间向来俗称大学士为宰相，刘罗锅就算在官职上没有达到"真宰相"的标准，但他在百姓心目中就是真宰相，而且在政局的某一时期，刘墉确实在实际上起着首辅大臣的重要作用。

刘统勋和刘墉这对父子宰相的个人气象是有所不同的。在刘统勋的身上，展现出来的更多是一种名相的气度，而在刘墉身上，我们更多能看到一种名相的品格。论起那种恢弘的气度，刘墉赶不上父亲，但说起清峻的品格，刘墉则丝毫不输。

清劉文清公石庵相國遺像

此像依諸城劉氏家乘所摹

後學李澍丞敬繪

◁碧梧山莊珍藏▷

李澍丞所绘刘墉像

造成这种差别的固然有个人天生的因素，但跟两人面临的不同政治历史环境也有极大的关系。前面已经讲到，刘统勋清刚正直的作风对严肃整个朝野官风大有裨益。乾隆前中期吏治风气乃至社会风气几乎可以说是整个有清一代最好的，举国上下一派蒸蒸日上的进取气象。对此，身居宰相之位的刘统勋可谓居功至伟。而乾隆晚年却无法坚守早期的严正，被和珅抓住心理上的弱点，从而谄媚横行，官场和社会的风气日益腐化，直至到了积重难返的程度。

刘墉清廉正直已与整个官场氛围极不协调，他再抗上，不仅乾隆受不了，而且和珅及其同党马上就会在一边煽风点火，激怒乾隆，使刘墉身处险境。因此刘墉要扭转时弊，不仅难如上青天，而且自身安危也大成问题。正因如此，刘墉在乾隆晚年动辄得咎，几度受挫。大家所熟知的刘罗锅斗和珅的艰难就是最有代表性的例子。在与和珅斗争期间，刘罗锅本人的名相之品得到了绝佳的体现。

在今日对刘墉与和珅关系的解读上，无论是严肃的学术探讨还是戏说的电视剧，都存有很大误区。后者倾向于夸大两人之间的斗争，而前者则倾向于将二人之间的斗争归于虚无。实事求是地讲，这两种倾向，都有违于历史真相。深入考察历史，我们就会发现，自刘墉担任左都御史之后，与和珅之间爆发过国泰案审理、厘革粮弊案、争大宝这三次大的

斗争。三次交锋总的结果是刘墉小胜，这对延缓清王朝衰颓之势本应具有更大的积极作用，但终因晚年乾隆的昏聩与和珅的怙宠作恶而大打折扣。这些交锋场景，清晰地折射出清王朝自乾隆晚年开始的无法挽回的衰颓之势，因此也是我们在关照乾隆嘉庆政局时不可忽视的视角。

　　第一次斗争：国泰案审理。那次事件发生在乾隆四十七年（1782）四月，乾隆朝晚期。导火线是御史钱沣弹劾山东巡抚国泰贪纵营私，乾隆命刘墉与和珅一起奉旨到山东审理此案。表面上看来刘墉与和珅是合作的同僚，但其实不然。国泰奔走在和珅门下多年，早已跟和珅一个鼻孔出气。而他贪腐的钱都去了哪儿，我们也都能猜到个大概了。和珅在与刘墉动身之前就派家人通知国泰，叫他把亏空的国库的银子（当时叫国帑）赶紧补上。他没有料到，刘墉与钱沣早算到了他这一步，两人就分头行动。一边刘墉与和珅一起动身，一边钱沣作为钦差先行一步，微服查拿和珅给国泰报信之人。和珅派去送信的家人还果真被钱沣抓住了，但因为和珅早就想好了脱身之计，所以，家人虽被捉拿，狡猾的和珅还是高枕无忧地做他的查案钦差大臣。到了济南，真到查的时候，和珅从库房里随便抽了几封库银，发现没事，就嚷着回驿站（政府招待所）休息。这是正史讲的。除此以外，据清代文人笔记讲，钱沣、刘墉与和珅不同，他们都注意到库

银总数虽不缺，但却明显掺有市银。那时国帑银子一锭多少两都是整数，但市场上流通的银子却大小、多少相差很大，因此，看到库房内银子样式大小不统一，就猜到国泰肯定是闻信找商人借了银子弥补亏空。于是，他们就心生一计，第二天，在大街小巷贴满告示，说民人有在国库里的银两请速到国库领回，否则就要充公了云云。那些借银子给国泰的商人一听，吓得赶紧排队到国库领银，结果使国泰的亏空案一下子就真相大白。但即便如此，审查国泰也不容易。审案之初，国泰突然发作，对钱沣声色俱厉地大骂："你是个什么东西？敢告我！（汝何物，敢劾我耶？）"虽然钱沣是铁面御史，但在审案现场，国泰冷不丁地突然暴发，想必使他措手不及。国泰乃乾隆所称的"小有才之人"，居心巧诈，在属吏面前，大施淫威，甚至连当时山东第二号人物——布政使于易简见他时，都需要跪着回话，其凶残与淫威，绝非寻常可比。而在这千钧一发之际，面对凶神恶煞地咆哮公堂的国泰，伴随惊堂木的震天一响，刘墉大怒道："御史奉诏治汝，汝敢詈天使耶?!"刘墉这句话太经典了！现在许多电视剧在演绎刘墉，而这句不需要任何加工改动便足能叫座的非常刘墉化的经典语言没被搬上荧屏，实在是可惜。喜爱清官刘墉的观众朋友们如能听到这一声出自历史正文的怒斥，真可以感叹追剧超值，人生无憾了。刘墉的这句话极有智慧：御史官虽小，但却是代表天子而来，你敢骂天子之使，不言而喻，就是辱骂天子！这句话可谓寸铁杀人，一听此话，咆哮耍横的国泰顿时没了脾气。刘墉紧接着叫人扇他几巴掌，逞凶的国泰才像泄了气的皮球一样瘫软下来。这样一来，审案方能正常进行下去。否则，让"小有才"的国泰折腾起来，再加上和珅暗中相助，恐怕审案的难度要增大许多。刘墉一招毙敌，在这次交锋中，不仅震慑了罪犯国泰，而且也为不断阻挠正常审案的和珅敲响了警钟，使其对国泰不敢再曲加包庇。否则，和珅与国泰一唱一和，就像他刚到济南时，"只抽数封"那样明显地庇护国泰，其间刘墉如再保持中立，恐怕钱沣再厉害，也难保不被和珅和国泰反噬！

第二次斗争：厘革粮弊案。当时国家要求各省向中央输送的赋——粮食，各省如从当地运来，其运费比所送粮食本身的价格还高数倍，因此诸多省的州府衙门就想出一条"妙计"：在向北京交粮时，提前预算好价格，派属吏直接带钱到北京买粮再上交。这样一搞，各地竞相仿效，都到北京购买，北京的粮价就扶摇直上。老百姓因粮价太高，大受其害，以至民业日困。从全国调粮至京，本是从大局出发，平衡全国市场，满足京畿地区的特殊要求，是国家政局安定的需要。但地方各省却不顾大局，只顾自己局部利益，图省钱、省力，却使首都这一全国政治、经济、文化中心粮价腾涨，民生日困，正因如此，刘墉才下定决心给予厘革。然而这里有一个非常容易被忽略的问题——各省州府节余的钱去哪儿了？按照当时吏治松弛、贪污贿赂公行的现实，我们可以十分肯定地说，充公的少，入私囊的多。而且入私囊的省、州、府官员们绝对不敢独自私吞，为了提高贪污这笔钱的安全系数，他们必定用各种方式贿赂其上司，拉他们下水，以充当自己的保护伞。如此一来，总督、巡抚、藩臬两司、道台、知府、知州便沆瀣一气，结成了一个祸福与共的利益网。而且积年谬例，官员调动频繁，就使犯者更多，网络更为庞大。刘墉敢"冒天下之大不韪"，自然就成为全国这一大批官员的公敌。乾隆已经答应刘墉准他彻查各地的运粮情况。但这批官员已经结成了异常紧密的关系网络，一损俱损，于是他们达成了一种默契：北京与外省，外省与外省之间，声气相通。在地方，他们广造舆论，说朝廷派钦差是无端扰民；在朝廷，与和珅勾结，由其向乾隆进谗言，请乾隆收回成命。最终他们果真达到了目的，成功地使乾隆收回了成命。而令多少年来乾纲独断的乾隆收回成命，在十几年前是根本无法想象的。因为收回成命，就等于宣布自己的决策错了，这在过去是绝对不可能的！乾隆晚年为政昏倦，处事每每优柔寡断，而和珅正好抓住了他这个

弱点。

在厘革粮弊失败之后，刘墉不肯罢休。民间说刘墉三天一奏本，虽有些夸张，但刘墉的参奏之多，想必在当时被和珅集团所把持的官场上也是最为突出的，不然民间也不会称"刘墉之劾奏"为"朝阳之凤"。但也正因如此，昏聩的乾隆开始不信任他，每每批评刘墉，大意是说：刘墉你这个人太倔了，简直是执迷不悟，桀骜不驯；你这个人也太好议论了，什么事也看不惯，而且议论起来总是与众不同，喜欢标新立异，甚至是危言耸听。与此同时，"和珅"们也一直没有停止对刘墉的盯梢、排挤、打击。于是，不久后，刘墉终于在上书房事件中出了事。乾隆将刘墉的协办大学士降为侍郎衔，将刘墉吏部尚书这一实职罢免，同时又将刘墉逐出了南书房，相当于将刘墉逐出了自己近臣的圈子，让他没机会出现在自己的近距离视野中。但是，仅仅过了半年多的时间，乾隆又将刘墉从顺天召回了中央。先任左都御史，左都御史未及干满一月，又任礼部尚书，很快又迫不及待地让刘墉干上了他多年的老本行——吏部尚书。为什么乾隆这么心急火燎地找刘墉回来？原因不难理解，实在是因为当时朝廷上清廉自持、不攀附和珅的人少得就剩零星几个。刘墉这一离开，乾隆的近臣圈子简直就腐败到无法无天了。而刘墉一旦回来，他风骨清峻，洁如冰霜，在朝中又有威望，单单往

那儿一站，情况就会好转不少。当时朝鲜有个使臣在向他的国君汇报时，提到刘墉在朝廷上的威信时讲"见其（刘墉）为人，视下而步徐，一入班行，位著为之肃然"。这是说刘墉走路的时候，低着头看着脚下，步履很慢，他一到场，朝廷上的大臣们马上就整肃起来。刘墉这次复职，至少能在一定程度上遏制和珅集团的嚣张气焰。经过上一次的挫折，刘墉这回也学乖了，不得不为自保做打算，处事风格变得更加谨慎，不再总是倔强地硬做斗争，而是圆熟活络许多。但令人好笑的是受和珅挑唆的乾隆，这时又找到了批评他的新理由，说他"一味模棱"。

第三次斗争，争大宝事件。乾隆禅位时，做了一件非常荒唐的事。当了六十年皇帝却还留恋着帝王权势的乾隆，在和珅的怂恿下，想只传皇位而不传大宝。大宝就是皇帝玉玺。他这种做法直接导致了一出历史闹剧。皇帝玉玺是皇帝行使权力的印信与凭证，正是靠它发布的各种文告诏书，远在四面八方的臣民才能不见面而感觉到皇权的无处不在与至高无上。皇帝若丢了玉玺，就相当于丢了君权，完全可以被人当作骗子名正言顺地处死。多年精明至极的乾隆皇帝，因为晚年的昏聩及对权势的迷恋，尤其由于和珅的操纵，竟然稀里糊涂地将自己亲自选定的、寄托着自己希望的亲儿子、接班人——颙琰（嘉庆皇帝）放在了这样一种令天下昭然、毫无回旋余地的伪君主的尴尬位置上。颙琰之苦恼完全可以想见，朝政紊乱之象进一步恶化也正迫在眉睫。然而在六十年来叱辱群臣如奴隶的乾隆皇帝的淫威面前，满朝文武大臣都像忘了天子离不开大宝这事似的，十分麻木地、机械地聚齐了，要来朝贺颙琰这位没有得到大宝的天子。这时，满朝文武，只有一个人挺身而出，大声说道："天下安有无大宝之天子？"断然中止了这出再演下去便不堪收拾的闹剧。这个胆大包天的人，就是被乾隆经常指责为"一味模棱"的刘墉。紧要关头，刘墉单独进宫找到乾隆，说："陛下不能无系恋天位之心，则传禅可已。传禅而不与大宝，则天下闻之，谓陛下何如？"意思是说，皇上您不想传位谁也管不着您，但传位了却不传大宝，让天下人得知，怎么看皇帝您呢（潜台词是您叫百姓看您是明君呢还是昏君呢）？力争半日，终于从乾隆手上拿到大宝出来，文武百官这才得以向嘉庆皇帝行贺礼。

在这千钧一发之际，刘墉冒着激怒乾隆、随时都有可能掉脑袋的风险，击中了处于矛盾心态中的乾隆皇帝的要害，击碎了和珅的阴谋，才使朝政没有进一步紊乱，即将动荡的局势没有进一步恶化，及时挽回了嘉庆皇帝比生命都重要的君权尊严。对此，嘉庆皇帝自然由衷地感激，从此，便把刘墉视为定册元老，以心腹相托。而刘墉在此举中表现出来的敢于断大事、定大局的过人胆识与气度，在嘉庆皇帝心目中也定留下了极其深刻的印象。嘉庆四年（1799）正月初四，嘉庆皇帝对和珅实施突然袭击，将其拘捕后，他第一个找的大臣是谁？不是王杰，不是董诰，也不是纪晓岚，正是刘墉！这说明，在这极有可能是生死存亡的危急关头，在嘉庆皇帝的心目中，满朝文武，只有刘墉才是最忠诚、最可靠的大臣，只有他才是跟和珅斗争最坚决，也是最得力的大臣，同时还是其威望与能力足以辅佐他将这个动荡局面稳定下来的社稷之臣。在这个特殊时刻，刘墉虽非军机大臣，但却比军机大臣更得皇帝倚信，比军机大臣参与的机密更多。所以当时刘墉的地位是非首辅大臣的首辅大臣，也能堪称"真宰相"。刘墉也不负厚望，与学生成亲王和其他大臣迅速查明和珅及其党羽横征暴敛、搜刮民脂、贪污自肥等罪行二十条，上奏朝廷。嘉庆皇帝借此终于能将和珅这个大蛀虫正法，没收了他的家产。

这三次斗争是为人清峻高洁的刘墉同整个腐败的贪官网络做抗争的缩影，从中不仅能感受到刘墉个人的崇高品行，也能看到清王朝逐渐走向衰落的国运。在和珅怙宠作恶的乾隆晚期，刘墉与其进行三次交锋并小有取胜，这在乾隆晚期政局与嘉庆初期政局中已属难能可贵。可惜乾隆对和珅等佞臣一味姑息、纵容、包庇，而和珅等人又恬不知耻，只知一味结党营私、怙宠为恶，结果导致全国官场道德沦丧，政局败坏，人心大乱，致使这三次交锋的积极作用大打折扣。而到了嘉庆惩治和珅、独立执政之际，整个清王朝已经病入膏肓，难以承受得起社会大变革的冲击，所以除了对和珅、福长安等少数人加以惩治外，其他和珅党羽嘉庆一概不问，否则，整个官僚体系必将崩溃，国家将陷于长期动乱不安的局面。因此当刘墉、朱珪、董诰等人在辅佐嘉庆皇帝时，只能采取在洪亮吉等青壮派看来近似保守的态度，以期守成，整个清王朝从此进入了真正的衰退期。结束了向外扩张、对内严密控制的帝国态势，四十多年之后，即道光二十年（1840），鸦片战争爆发，清王朝终于陷入了内外交迫、风雨飘摇的大困局。

刘墉走完自己曲折的一生之后，得谥"文清"。与父亲刘统勋的"文正"相比，也并不逊色多少。一个"清"字，便将他那种傲然不与奸臣为伍，卓然肃清朝政的名相之品表达了出来。而且，"清"又是刘家祠堂"清爱堂"的头一个字，对刘氏子弟来说，这样的谥号既是对个人的美誉，也是对整个家族家风的肯定。就像乾隆给壮年时的刘墉御赐的诗，开头便说："海岱高门第，瀛洲新翰林"，个人的荣誉始终和家族的荣誉紧密联系在一起。家族站在刘墉的背后，为他提供了坚实的支持，而当刘墉身居高位时，又凭借自身清廉耿介的品格，给家族增光添彩，成为家族引以为荣的贤能子孙。

（七）爱侄刘镮之的学政之清

刘统勋共有两个儿子，除了刘墉之外，还有一个小刘墉很多的儿子，叫刘堪。刘堪英年早逝，去世时，儿子刘镮之仅仅三岁。于是，刘镮之自幼便有赖伯父刘墉抚育。

乾隆四十一年（1776），刘镮之15岁时，刘墉便请当时的教育名家窦光鼐为刘镮之授业。20岁时，刘墉亲自为其教授功课。有这位伯父的呵护，刘镮之受到的教育，真是叫人们眼红。

由于祖父刘统勋和伯父刘墉的关系，他在乾隆四十四年（1779）18岁的时候就受到钦赐成为举人。虽然享受了前辈的恩泽，但刘镮之自己也不负众望。举人是钦赐的，但进士是货真价实得来的。凭借自己的努力，他在乾隆五十四年（1789）考中了进士。

刘墉对这个亲侄子也寄予了厚望，并且毫不掩饰喜爱之情。相比之下，他过继来的儿子刘锡朋却没有获得更大关注，至少从现存史料中来看是如此。在刘墉家书中，经常与诸城老家兄弟们谈到的孩子便是刘镮之而非刘锡朋。刘锡朋是刘墫过继给刘墉的，虽说不是亲生的，但至少也有父子之名。两相比较，刘墉对刘镮之这个爱侄的器重可见一斑。他们俩虽不是父子，却情同父子。

刘墉的关怀加上自己的进取，刘镮之成为家族同代人中的佼佼者与顶梁柱。他的仕宦生涯也堪称成功。嘉庆四年（1799）春出任浙江学政，十月迁詹事府詹事，诰授资政大夫。次年擢内阁学士兼礼部侍郎，嘉庆六年（1801）迁兵部右侍郎，七月转兵部左侍郎。嘉庆九年（1804）正月命提督江苏学政，六月调吏部右侍郎，仍留学政任，诰授荣禄大夫。嘉庆九年（1804）十二月，伯父刘墉去世，奉敕赴京经理丧事。嘉庆十年（1805），奉敕将伯父刘墉书法作品搜集并刻成《清爱堂法帖》。嘉庆十二年（1807），任顺天学政，嘉庆十五年（1810），六月充浙江乡试正考官，八月命提督江苏学政。之后累官至户部、兵部、吏部尚书，加授太子少保，死后得谥"文恭"。

刘统勋、刘墉、刘镮之，三世一品，三世得谥，被传为佳话。刘氏祠堂中供奉的三公，指的就是这三位。

受篇幅局限，我们这里就拣刘镮之担任学政时的表现来说一说，这些遗留下来的故事片段也最能反映出他的为官之道。

刘镮之在学政任上的表现，官方史料上极难见到。所幸刘墉的家书在无意中为我们保留了一些吉光片羽。从刘墉家书中不仅能够看出刘墉对家族成员的关心，还能助我们窥见一些刘镮之为官的秘密。

譬如刘墉写于嘉庆四年（1799）五月十八日的家书，首句便提到："浙中，京中俱安好……"刘镮之担任浙江学政的时候，刘墉的继母颜太夫人也跟从他一起生活在浙江。刘墉开头就说浙中，也是一种关心母亲的表现。在信末，刘墉又写道："镮之叠蒙温旨奖其学政做得好，庶可稍稍放心。"又用小字写道："（镮之）信来自言要吃补药，求鹿茸，此却不放心。"刘墉放心的是刘镮之"学政做得好"，不放心的是刘镮之身体不好，要吃补药。关切之情，溢于言表。

再看刘墉写于嘉庆四年（1799）十月份的一封家书："浙信常通，极好。镮之升官时蒙谕他学政做得好，家中尊长可放心矣。"再看一信："……镮之受恩兼署吏部，墉毫无出力之处，乃荷慈纶，嘉其轻健，不敢不勉也。"刘镮之四月去浙江学政上任，十月就升任詹事府詹事，诰授资政大夫。晋升速度不是一般的快，外人难免怀疑是身居高位的刘墉暗中出了力。但从刘墉的这两封家书可知，刘镮之的晋升，实在是由于他做学政期间所表现出来的过人才识，并非由于刘墉格外照顾。刘墉本人出面澄清，说自己"毫无出力之处"。

对于刘镮之任学政时的从政风格，当时有个叫王瑞履的人在他所著的《重论文斋笔录》中曾经做过这样的评价："关防严肃，弊绝风清"。

江浙一带，自宋室南迁以来，就不仅是全国最重要的商贸中心，还是全国的人文渊薮。但因为读书人多，人才也多，这就产生了一个很难回避的矛盾——僧多粥少。甚至连秀才这样一个最低层面上的功名，在江浙都得之不易。不用说年轻人去应试，即使一些须发斑白的老人也都在为中秀才而不得不跻身于这浩浩荡荡的考试大军之中。正因如此，考试作弊在江浙如杂草丛生，愈铲愈多，且有蔓延之势，连皇帝都感到头疼。我们可以想象一下，在江浙督学能够达到"关防严肃，弊绝风清"，说明刘镮之大有刘统勋、刘墉的正气，诚可谓克绍家声。由此我们可以联想一下当年刘果在康熙年间担任江南提学道佥事的故事。江南一带，风景气候温和，这种水土养育出来的文人难免带有一种萎靡油滑的习气。而刘果一到江南上任，执掌文枢，很快就把这种风气给矫正了过来。刘果是刘统勋的二伯父，是个生来雄武、豪气纵横的人。刘镮之比刘果晚三辈，却也能在江浙学政的任上改变当地的弊端，不得不承认是继承了先祖遗风，难怪刘墉感到十分骄傲，反复在家书中赞扬他。

刘镮之在学政任上的"清"是他一生仕宦生涯的概括。总的来看，刘镮之虽然官做得甚大，也深得皇帝宠信，但时势不行,朝廷上下实心任事的人愈来愈少。在这种政局之下,刘镮之也就难以免俗,与其上几代人相比,显得平庸许多,这也正是刘家衰微与整个王朝衰敝丛生相互作用的共同结果。

(八) 两位贤能布政使

除了刘统勋、刘墉、刘镮之这"三公"之外,刘氏家族还出过许许多多贤能干练、保有祖风的人物。其中,数位担任过布政使和知县的人比较有代表性。接下来我们就来简要地讲讲他们的故事。

布政使是二品大员,地方巡抚的左右手,算得上是名副其实的封疆大吏。在诸城刘氏家族中,一共有四人担任过实职性布政使职务,他们分别是刘棨(四川)、刘纯炜(浙江)、刘墫(江宁)、刘喜海(浙江)。因为刘棨、刘喜海都有专门介绍,所以在这里就不再展开叙述了。

刘纯炜,字霁庵,是刘棨的第八个儿子,刘统勋的八弟,生于康熙四十七年(1708),卒于乾隆四十三年(1778),享年 71 岁,葬于高密注沟庄南。他在雍正四年(1726)考中举人,乾隆四年(1739)考中进士,科举之途也算十分顺利。

刘纯炜学问做得好，刘墉 13 岁时，就是跟从这位八叔学习的。刘纯炜也有诗集传世，叫《霁菴诗略》。他共有五个儿子，名字分别叫诗、书、礼、麟、易，他们都是有才德的人。民国时以诗著名的刘筠与以医著名的刘簠均是其直系后裔。

刘纯炜是诸城刘氏八世除刘统勋以外，最有作为的一个人物。他的政绩主要在地方任职与水利两个方面。

在地方任职方面，刘纯炜颇有才干，每到一处，都能为百姓解决难题。

刘纯炜第一个职务是山西壶关县知县，很快因乾隆接见，调任分宜县知县。因壶关县任职时间极短，其政绩不详。但在分宜县任知县时，刘纯炜的所作所为，可谓有声有色。

第一，禁止县衙低价采购，倚势欺人。在刘纯炜担任该县知县以前，知县衙门内日常所用物料虽名义上付给卖方资金，但比市价低三分之一，纯属巧取豪夺的行为。刘纯炜到任后，立即废除了这种搜刮民脂民膏的做法。

第二，令常平社的斗斛整齐划一，堵塞了奸猾社鼠们所赖肆虐的漏洞。所谓常平社，就是一种社仓，是民办粮仓的一种。社仓是传统社会备荒仓储体系的重要组成部分，由南宋朱熹首创，但最早可以追溯到隋朝所设义仓。社仓不特指某个粮仓，而是一种储粮制度。一般没有专门的仓库而在祠堂庙宇储藏粮食，粮食的来源是劝捐或募捐，存丰补欠。粮食的周转则采用借贷的形式，一般春放秋收，利息为十分之二。宋孝宗乾道四年（1168），建宁府（今福建建瓯）大饥。当时在崇安（今武夷山）开耀乡的朱熹，同乡绅刘如愚向知府借常平米600石赈贷饥民。贷米在冬天归还，收息20%，小歉利息减半，大饥全免。计划贷息米相当于原本十倍时不再收息，每石只收耗米三升。后来归还了政府的常平米，至淳熙八年（1181）已积有社仓米3100石。同年朱熹将《社仓事目》上奏，孝宗"颁其法于四方"，予以推广。朱熹立社仓法，为后世沿用。清代曾于雍正、乾隆年间大力推行社仓建设，但旋兴旋废。社仓本为善举，吏治腐败却加速了社仓衰败。由此可见社仓腐败的根源就是吏治腐败。刘纯炜应该说对此问题的处理稳、准、狠，因为"常平社仓胥吏为奸，量有大小，出少入多"。刘纯炜就将斗斛更正划一，从而杜绝了胥吏为奸的漏洞，可见他清廉持正，不与贪吏狼狈为奸。

第三，打击奸邪，使民风重归淳朴。分宜县在刘纯炜任知县以前民俗就特别喜欢诉讼告状，其实是由于奸徒教唆挑拨所致。向政府告状，往往花钱摆平，这就给了奸徒和贪官敲诈勒索、中饱私囊的机会。刘纯炜上任之后以"廉"治之，诉讼顿时就减少了，奸徒不敢再挑事，民风重归淳朴。

第四，平靖匪贼之患，令百姓安居乐业。分宜县多山谷，又当宜春、新喻等地的交通要道，土匪窃贼多有从外地来的。刘纯炜检阅户籍，把全县境内村落都调查清楚，使他们守望相助，自此奸人莫敢入界，遂使分宜县重归安宁，百姓得以安居乐业。

除此外，他在平湖知县任上，因革旧弊深获民望。平湖县田赋繁重，政府征调，四处拉壮丁干活，百姓深受其害。刘纯炜到任后，立刻废除了这项做法，受到百姓爱戴。而他在杭州知府的任上，又用高超的手腕妥善解决了一项棘手难题。杭州原有被编入八旗的汉军，奉旨裁员之后，这些军民大部分都不知何去何从。结果，刘纯炜调查老幼强弱，处置得宜，没有一个人流离失所。为此，军民为他立生祠。

我们都知道水利学是刘家的家学强项，刘纯炜在这方面也毫不示弱。

刘纯炜有一次坐法免官，贫不能归，就接手主持饶州书院。期间，江水暴涨，各郡良田被淹，必须及时赶修堤防，否则后果将不堪设想。那时候的江西巡抚叫范时绶，对此无计可施。这时有人推荐刘纯炜"识水利"，范时绶就让刘纯炜全权负责此事，结果，堤坝按要求及时修好，范时绥很满意，就上疏举荐，最终刘纯炜奉旨仍以知县获用。

还有一次刘纯炜同样展现出水利学方面的才华。海宁是钱塘江大潮的受灾区，但那个地方的石坝建得极为不合理，过去的将军隆昇、巡抚卢焯把石坝建在尖山、塌山之间，结果，潮汐直趋坝根。刘纯炜认为，石坝一旦被破坏，那么周边七郡都岌岌可危。因此，他核计坝身长短，周围密布竹落，用以抵挡潮汐的冲击。用了四十天时间，大功告成。乾隆二十七年（1762），乾隆皇帝南巡，看到他所修的海塘工程，嘉叹不已，赐他绸缎、貂皮等，升他做东塘同知。又过三年，乾隆三十年（1765）时，乾隆皇帝再次南巡到浙江，召见刘纯炜，再次赐宴，仍赐貂皮等珍罕之物，授海宁道，晋升浙江布政使。

从巡抚范时绥因满意而举荐，到乾隆皇帝不断赐官、赐物、赐宴，我们不难感知到刘纯炜在水利工程方面，应该是有非同寻常的功绩。水利上的成功，是乾隆一生最重要的功绩之一。我们读《清高宗实录》，观其与臣下有关水利往来的谕旨与疏奏文字，就会十分清楚地知道，乾隆对水利工程非常内行。轻易不会对臣下满意的乾隆，竟然在"阅所修功"后，对刘纯炜"嘉叹"，实在难得。先是嘉叹，三年后，又再次赐宴，可见，刘纯炜海宁海塘工程之好给乾隆留下了多么深刻的印象。

除了政绩以外，刘纯炜还享有较高的社会声望。乾隆三年（1738），刘纯炜坐法免官，贫不能归，布政使王兴吾邀请他主持饶州书院。巡抚鄂容安，听闻他大名，特地到饶州找他，聊了一晚上，被他的品德和才学深深折服。鄂容安想要举荐他，却因为自己升任两江总督而离开江西，刘纯炜就没能及时官复原职。刘纯炜爱民如子，民望也相当高。除了在杭州府知府任上军民为他立生祠之外，他在其他职务上，也深受百姓拥戴，每次离任，当地百姓都要相送，依依惜别，不忍离去。

第二位要讲到的布政使是刘墫。

刘墫，字象山，号松崦，一号慎斋。生于康熙五十六年（1717），卒于嘉庆六年（1801），享年85岁。乾隆三年（1738）副贡生，乾隆十八年（1753）举人，任国子监学正。乾隆二十五年（1760）进士。翰林院庶吉士，改授吏部稽勋司主事，兼文选司主事。乾隆三十年（1765）广东副考官。升授吏部文选司员外郎、礼部精膳司郎中。乾隆三十三年（1768）任陕甘学政，调江南安徽宁池太广兵备道，督理芜湖钞关。乾隆四十三年（1778）任陕西按察使。次年调江宁布政使。乾隆五十二年（1787）内调鸿胪寺正卿。诰授通政大夫。

刘墫是刘棐长子刘继燇的第五个儿子,长刘墉三岁,是刘墉的从兄。在刘氏子弟中,跟刘墉关系最亲密的就是刘墫。刘墉在家书中每每提到的"五哥"就是指的刘墫。

刘墫的祖父是刘棐,而刘棐与三哥刘棨同父同母且关系极其亲密,因此,后代关系自然近于其他支脉兄弟。因为刘墫在北京时间很长,刘统勋对他这个侄辈无论才学还是仕途都十分关心,时不时与刘墫探讨一些有趣的问题,甚至还让刘墫为自己代笔,高兴时还曾为刘墫的扇面题过跋,其关系之亲密异于常人。刘墫与刘墉在北京相处得久,所以二人关系也就格外亲密。刘墉家书中现保存最多的就是致刘墫家书,当然,假的也最多。在刘墉诗集《刘文清公遗集》中就有数首写给刘墫的诗。无论从家书内容看还是从诗的内容看,在同一辈人中,刘墉与刘墫的关系应该是最亲密的。

在诸城刘氏九世一代,刘墫是除刘墉外最有祖风的一位官员。他为民请命的激烈程度一般人真是望尘莫及。乾隆四十六年(1781),黄河决口,徐州灾民无家可归,露处大堤之上,江苏巡抚无意赈济。时为江宁布政使的刘墫在两江总督面前与其争执起来。官场的游戏规则,最基本的一条就是官官相护,已经身为从二品的布政使,出身于诸城刘氏这样一个世宦之家,且年已 65 岁高龄的刘墫,不可能不懂这些游戏规则。但是他面对不顾百姓死活的巡抚仍然然忍无可忍，当面力争。这是他受"清廉爱民"家风熏染数十年的结果。那一年，乾隆四十六年（1781），和珅受宠已经五年，清王朝官场风气在和珅集团的影响下已是每况愈下。在这样一种官场中，官员们只考虑自己升官发财，百姓的死活根本不会放在心上。这次事件其实已经折射出，正直官员日益不安，贪污腐败官员反而如鱼得水的一种非正常状态。后来，不管民生的巡抚安居其位，而爱民如子的刘墫却反被降职使用。荒谬之极的结果，恰好就成了反映当时官场怪状的最佳例证。虽然刘墫开罪于巡抚，为自己日后的仕途埋下祸根，但处于水深火热之中的老百姓毕竟得到了熟食救济，刘墫活民无数，善莫大焉。第二年，黄河又决口，刘墫亲自到灾区，巡察抚恤，百姓无一失所。乾隆五十年（1785）大旱，稻秧不能按时供插，灾害近在眼前，巡抚仍然无所介怀。刘墫听说总督在河上，便撇开巡抚，单独往见，陈述旱情，遂与总督一同上奏，及时收到赈恤旨意，免除了百姓灾难。但是巡抚感觉刘墫与自己屡屡做对，再也无法忍受，就弹劾刘墫既老且病。于是，为调和矛盾，乾隆五十二年（1787）春，刘墫被改任鸿胪寺卿，后乞告归里，结束了自己的仕宦生涯。

这两位布政使保有祖风，都能将"清廉爱民"的家风贯彻到自己的政治生涯当中，可谓刘氏家族的骄傲。

（九）各逞其才众县令

知县是封建社会官僚体制中非常重要的一个环节。掌控之面十分繁复，事无巨细，既要上传又要下达。许多现实中的尖锐问题，无法回避，也不容回避，必须适时拿出解决方案，否则，便会陷于无限被动。因此，一个人若能胜任知县之职，就说明其从政素质已经达到相当水平。正因如此，唐代名相张九龄于开元三年（715）提出了"不历州县不拟台省"的选官原则。

诸城刘氏做知县的子弟大多做得中规中矩。其中，也有一些卓异人才在知县任上发挥得淋漓尽致，如前面已经讲到过的在刘氏祖籍砀山县担任知县的刘臻，从他父亲刘组焕寄给他的家书中还能体会到刘氏家风中最深刻的内容。

由于时代久远，知县因其品级太低，受关注度不高，因此留下的史料不够丰富。我们已经无法完全还原刘氏这些子弟在知县任上那种书生意气挥斥方遒的本来面目，只能就现有史料所保存的那些雪泥鸿爪来展开一场追忆。在这里，我们就拣选几位有代表性的知县来体验一下刘氏家族成员在这个位置上所展现出来的品质。

刘绪焸，字书思，号愚庵，是刘棨的长子，刘统勋长兄。康熙五十二年（1713）举人，雍正三年（1725），授固始县知县。他个性严毅，遇事不避艰难，黠吏豪民闻风俱迹。次年秋，河水泛滥，刘绪焸站在泥泞中指挥救援三昼夜，喉咙都发不出声音。急发财粮赈灾，免除百姓流亡。49岁就卒于任上。刘绪焸身上依稀可见刘必显、刘果严毅的影子，又有父亲刘棨遇事不避艰难的影子。治下"黠吏豪民闻风俱迹"不仅说明刘绪焸风裁峻整，而且能力超群。作为诸城刘氏八世年长者的刘绪焸，以"河水溢，立泥淖中指画救援三昼夜，喉为之喑"的忘我精神为家族的兄弟们树立了一个极好的榜样。后来风裁峻整又忘我投入的刘统勋即颇有其长兄这样的一种风度。

刘绶烺，字尔重，号引岚，是刘棨三子，刘统勋三兄。其为官事迹分为两个方面：一是有仁者之心。在唐县知县任上，断刑狱极为慎重，又谆谆开导，不借助威刑，人称"刘一板"。有兄弟反目互相诉讼，刘绶烺劝以骨肉至性，两兄弟感动地流泪而去。二是积极作为，奏修水利。唐县旧有广利渠，引唐河水灌溉数千亩田，历久淤塞。刘绶烺就竭力向总督陈述，奏请疏浚、开渠、建闸，造福一方，百姓敬仰。

刘綖煜，字尔振，号岫洲，是刘棨四子，刘统勋四兄。康熙五十六年（1717）举人。父丧，居庐三年。刘綖煜是刘氏做知县所历地方最多的成员。他始授兴县知县，后调凤台，再后发往山西，历署安邑、猗氏、曲沃、平陆诸县，一生做过六个县的知县。刘綖煜为官事迹以一事为例，某县旧有山路迂回四十余里，上司要召集百姓强行疏凿，刘綖煜为民请命，力争乃止。最后以病归，民为立生祠。这说明刘綖煜所作所为深得百姓之心。而为了百姓利益，不惜得罪上司，是诸城刘氏奠基期、鼎盛期的家族成员所共有的特征，只是有的表现突出一点，有的表现含蓄一点而已。刘綖煜为民谏诤上司，既没有开罪上级，同时又赢得民心，在协调关系方面应该深得刘棨的不传之秘。

刘礼，字叔雅，刘棨孙行二十八，刘纯炜三子。乾隆三十三年（1768）举人，由四库全书馆议叙任直隶望都县、迁安县、山西浮山县知县，卒于官，享年49岁。刘礼事迹不太明确，但刘光斗《诸城县续志》讲他"能其官"，说明他不仅是一个称职官员，而且是一个能员。在刘墉家书中，两次提到刘礼。一次是说他得浮山县之缺甚好，有为他高兴的意思（"二十八弟得山西浮山县地近缺，好极，为喜慰"）。一次是兄弟们给刘塄修花园集资时，刘墉谈到刘礼，说他"好事"（"今二十八弟举意为澹园谋一恒产，此诚叔雅好事")。此处褒贬不知，但从刘墉前后语境中可以推知他认为刘礼是一个主意很多、绝非老实巴交之人。这似乎可为刘光斗说他"能其官"转一注脚。

刘埴，字工陶，号梧川，刘棐孙，刘继燝次子，刘墫次兄。乾隆三年（1738）举人。历任江西上饶县、弋阳县、安徽定远县知县，升授通政司经历，敕授文林郎。享年68岁。

刘埴在知县任上断案详明，平反冤案，被百姓比作明朝的著名清官况钟，是一个政绩十分突出的人物。

刘垲，字仲堂，号容菴，刘棐孙，刘继燝三子，刘墫三兄。岁贡生。由八旗官学教习，历任江西建昌县、赣县知县。敕授文林郎。享年73岁。刘垲是一位德才兼备的知县。他在建昌知县任上时，遇上洪水，报灾后，按官场程序理应等候上面派人勘测，以便制订赈灾方案。但刘垲却说："按程序走，往返需要几十天，老百姓早饿死了，我何必贪图头上这顶乌纱帽而眼睁睁看着百姓死于沟壑之中呢？"于是，做主开仓放粮赈灾。此种精神与当年刘棨为救民出水火不怕自身下地狱的精神何其相似！其德操之高洁由此一事即可窥一斑而知全豹。被调至繁难之地赣县后，刘垲又展现出杰出的刑名学才能。他擅长听断，邻县的疑难杂案，都不时委托他审理，"多所平反"。"听断"是明清时期知县最为重要的日常工作。刘垲长于听断，显见断案方面才华横溢，正因如此，本县之诉讼估计他料理得应该是轻松自在，不然邻县的疑案就不会推给他了，而他"多所平反"的处理结果，足以证明他不仅深孚众望，而且确实能够断案如神。刘垲与刘墫、刘埴为亲兄弟，一门出此三杰，亦足可称雄于一地了。可惜刘垲与刘埴不是翰林，受科名限制，未能在更高舞台上展示自己的才华，不然，相信他们凭借自己出众的吏治之才，定会青云直上，作出更大的业绩。

刘坿，字敬蘼，号西岩，刘棨孙行十，刘绂熙五子。雍正十三年（1735）举人，历任福建漳州府诏安场监课司大使，甘肃成县知县。享年56岁。著有《海上吟》、《丙戌诗草》。刘坿的官声主要来自他的清廉爱民。他做成县知县时，"有清名"。岁饥，上头政府发官粮贷民，百姓到期不能偿还，刘坿代为偿之。"以劳致疾，卒于旅舍。贫不能归榇，布政使赀助之以归。"在任上劳累致死后，竟然清贫到棺材都运不回山东老家，以至于还需要布政使资助才得以运回去。从"有清名"，到代民偿还贷粮，再到"以劳致疾，卒于旅舍"，我们都可以看到他祖父刘棨的影子。诸城刘氏许多子弟的死因都是"以劳致疾"，都是鞠躬尽瘁，为清王朝、为老百姓坚持到生命的最后一刻，如刘棨、刘统勋、刘镠炤、刘绶烺、刘礼等均是如此。至于"贫不能归榇，布政使赀助之以归",其清廉之状,实在不需要作者再饶口舌加以说明了!

(十) 二百余为官子弟无一贪吏

从前文中,我们已经大致领略到了刘氏子弟在外为官的状况。上到一人之下万人之上的宰相,下到小小一个知县,刘家仕宦子弟都能存有"清廉爱民"的理念,贯彻"循良"家风,每到一个地方都忠于职守,为百姓考虑多过一己私利——这才是真正的爱民。就像刘统勋在"笔帖式事件"中回答乾隆的那样:"州县治百姓者也,当使身为百姓者为之。"州县中治理百姓的官,应该让真正为百姓考虑的人去当。刘氏子弟纷纷用自己的行动诠释了刘统勋的这条执政理念,实在是家族之幸、万民之幸。

爱民者必清廉。刘氏家族中第一个当官的人是刘必显。他做官就十分廉正。在他督理中南仓时,以身作则,在衙内种蔬菜以自给,常常数日不食肉。物质生活节俭朴素,不追求锦衣玉食,也就毋须贪敛钱财,这是为官清廉的表现,亦是一种成为清廉之官的方法。刘必显可谓是第一个奠定了刘氏家族后世清廉官风的人。他的次子刘果对内藏五百两黄金的黄鼠拒而不受，以至于民谣唱道："死黄鼠瞒不过活青天。"刘统勋以身作则，拒绝世家子的重金巴结，又对夜半叩门者拒而不见。刘墉身居高位几十年，以清廉自厉，朝中无人敢去登门行贿，他的宰相府上竟然门可罗雀，他的轿子也是"破板"、"无帷"。刘镮之两任江苏学政，风清弊绝。刘喜海官居浙江布政使，在任时"衙斋清似水"，罢官后，身无长物，除了书卷古玩以外一无所有。

刘氏子弟在外为官，许多甚至都清廉到贫不能归的地步。如刘棨，从宁羌州的知州任上离去，回乡奔母亲的丧，竟然贫不能成行。最后还是靠四弟刘棐卖掉自己的良田才得以回乡。而刘埥在任上积劳致死之后，连棺材都运不回去，最后还得靠上司布政使资助才得以魂归故里。

这些都不是个例，我们查遍刘氏子弟为官的史料，总共二百余为官子弟，竟然没有一个是贪官，全部都能秉持家风，清廉自持。由他们家族集体铸成的这股清廉之气真是感天动地，堪称我国封建社会历史上的奇迹！

能成就这样的奇迹，一方面固然是由于他们本人对家风的坚守，另一方面的原因也有来自于其家族独特的官宅制度对仕宦子弟有力的支持。

诸城逄戈庄的刘氏祠堂后面设有刘氏义舍。哪个年代设立已无据可考，但一直存在到新中国成立之后，"文化大革命"之前。逢戈庄的很多刘氏族人都对祠堂后面那由三大排平房组成的义舍有着深刻而清晰的记忆。按照他们的说法，义舍主要是给那些"在外为官却贫不能置产者，归里后可免费入住"。这样至少有两大功能：一是给子弟为官清廉准备了退路，增加了他们的底气；二是免得本族亲人露栖于野，遭他人耻笑。在我国古代尤其是宋代以后，为本族贫寒学子提供就学机会的义学、为赡养族人或贫困者而设置的义田，甚至为过往行旅免费提供食宿的义舍都屡见不鲜，但这种专门为了给贫困归里的仕宦子弟准备的"义舍"却十分罕见。截至目前，尚未见到其他类似的记载传世，而刘氏义舍，也是笔者本人当年亲往诸城刘氏祖居地逢戈庄（原属诸城，今属高密）做调研时发掘出的重要史料，否则恐怕也会被湮灭在历史中寂静无闻。

有了义舍做保障，刘氏子弟在外为官就没有后顾之忧。在官场上有一种现象，许多官员在大部分时间里都保持着清廉的作风，但到了离任前，却极容易把持不住，往往会贪上一点，理由无非是给自己退休后的生活做好保障，也给子女留点积蓄。但刘氏家族设立义舍给在外为官贫不能置产者入住，保障了他们的物质基础，可以说打消了为官子弟在任时担心离任后生活的顾虑，为他们在任上始终保持一贯的清廉作风打了一针强心剂。

与义舍制度相呼应，刘氏子弟无论官阶高低，无论任职时间长短，都始终如一地坚守廉洁自律，共同塑造出了以"清白"著称的家族声望。当时的乡人评价说诸城刘氏"家世以清节著闻"，又赞誉说"清白家风耀八区"。

三、名人是怎么教出来的

（一） 五世祖刘通如何教刘必显

据刘统勋所修《东武刘氏家谱》载，明朝弘治年间（1488—1505），诸城刘氏第一世刘福率儿子刘恒等从砀山迁到山东诸城的逄戈庄，从此安家落户。刘家在前三世靠务农为业，经济基础薄弱，生活是很困难的，还常常受到村子内外那些土豪劣绅的欺辱。温饱问题没解决，根本就无力读书。直到第四世，才开始有读书人。四世祖刘思智虽说读上了书，但也仅仅是一名邑庠生，也就是俗称的秀才。虽然层次不高，但好歹也算个功名，受到乡里人尊重。刘家也因此有了点挺直腰杆说话的底气。

刘思智的儿子刘通是个人物，他不仅跟父亲一样，也考上了邑庠生，而且身上还有前几辈人所不具备的不甘人下的

倔强之气。当富豪欺压村民的时候，其他人都没有反抗，唯独刘通不肯屈服。这让我们发现，之前刘家是处于社会底层的人家，经常要看他人脸色生活。这种状况直到刘通一代才开始好转。

刘通具有这种不屈的气质，就必定会为家族的振兴而发愤图强。在当时的历史环境下，出身寒门的子弟，要想出人头地，只能凭借科举上的成功。士农工商，士排第一，最受社会尊重。农而优则学，学而优则仕，有学问、有品行的人才能去当官，一旦当了官，他背后的整个家族都会感到荣耀，家族的社会地位也会迅速得到攀升。

因此，刘通极为重视对儿子刘必显的教育。首先他自己就非常重视文化学习，为刘必显树立了一个极好的榜样。他在日常生活当中，非常有心，观察敏锐，一旦看到有好的文句，无论是古人的还是今人的，都要抄录下来，写在旧纸上，或者干脆直接写在手掌、手臂上。等回到家，就教刘必显誊写下来，慢慢品读。有这样尊重知识、好学不辍的老爸，自然就会有同样刻苦用功、饱读诗书的儿子。

史料中记载有刘必显年少时刻苦读书的两则故事。第一则是王培荀在《乡园忆旧录》里头说的。刘必显身逢乱世，明末乃多事之秋，山东豪杰揭竿起义的不少，战乱频仍。他年少时跟乡民一起到山中避乱。众人正在喧闹，忽然听到有读书声。大家都很奇怪，这正当战乱，生死关头，还有人读书？众人受好奇心驱使，循声去找，发现原来是年少的刘必显在石头上摊开书本朗读呢。

另一则出于张贞的《杞田集》，里面说刘必显12岁的时候，跟某位叔祖去远方一个村子里的私塾读书。私塾中有许多"熊孩子"，根本就不学习，一天到晚只知道摴蒲嬉戏。摴蒲（chū pú），那是古时候一种类似于现在掷色子的游戏。刘必显叹息说："辞别亲人远游到此，目的是为了读书上进。如果是来玩耍的话，何苦背井离乡到这里来呢?!"于是，当众人玩耍的时候，只有他正襟危坐，读书不辍。"熊孩子"们千方百计诱惑他，刘必显始终不予理睬。

就这样，刘必显的学问长得非常快。他在19岁就成了庠生，岁试第一，在十四城中独占鳌头。明朝天启四年（1624），刘必显在25岁时，成为刘氏家族史上第一位举人。之后天下大乱，经历了明朝灭亡，刘家迁去南京避难等事，但刘必显始终都没有荒废读书。其实，他并没有功名之心、仕宦之情，之所以立志要考上进士只是想为家族后代树立科举立家的榜样，后来，他终于在清朝顺治九年（1652）考上进士，达到了自己的目的。

刘通带给刘必显的影响是全方位的，好学一项只是其中之一。

乾隆二十六年因刘统勋勋赠曾祖父祖母曾祖母王氏一品夫人诰命（局部）

刘通不屈的气质，也传递给了刘必显。据张贞记载，在刘必显年幼刚刚学会说话的时候，刘通抱着他站在门外。村里那位蛮横的富豪带着许多跟班过来，看到小必显就喊他小名，戏弄他。小必显话虽说不太溜，却把他们当头斥责了一番。刘通表面上给他们赔礼，心底却被小小年纪的刘必显震惊了，觉得这小子将来一定是个人物。

刘通有一副侠义心肠，重义气，曾经卖田园为人平息诉讼纠纷。崇祯十四年（1641），遭遇饥荒，他从高密贮沟集买了一个民妇，因为同情他们夫妻分离，很快就毁掉卖身契把她送回家，甚至都没有索要自己已经付出的钱财。

而与此相对应的，刘必显在为人处事上也有父亲的影子。张贞《杞田集》里说，刘必显在固山司理任上，遇到一个棘手案子。有汉人为巴结满人，就以家产进献。而那满人十分贪婪，因献产者的两位兄弟家底也殷实，就企图将那二人的家产也一并没收到自己名下，还要把他们贬作奴隶使唤。案子将定，献产者的两兄弟极为不满。这时刘必显站了出来，为献产者的两兄弟主持公道。即使再怎么诱惑他威胁他，他都没有动摇。最后献产者的两兄弟得以保全家产。这是何等胆魄！要知道刘必显只是个文官，一个读书人，并不是武将，而且当时他又身处满汉极不平等的清朝初期！作为一个汉官，处理牵扯满汉关系这一当时颇为敏感的问题时，丝毫不顾威胁，仍然敢于主持公道，敢做并能成就其事，如果不是一个正义感与胆识兼备的人物，绝对不可能做到。

在刘通以身作则的教育之下，刘必显也成长为一个具有不屈气质、侠义精神而又仁慈善良的人。正是这样的一个刘必显，成为了之后刘氏家族崛起并走向鼎盛的奠基人。

（二）以刘必显为代表的"狼爸"

从上文刘通教育刘必显的故事当中，我们能发现，刘必显自己是很自律很自觉的，他在年幼的时候就懂得积极主动地去学习，跟一般村里贪玩的孩子完全不同。刘通在他的成才之路上更多起的是一个身教作用，即通过自己的一言一行来引领孩子，而不是通过制定严厉的家法来管束他。

刘必显求知欲极其旺盛，在他少年时就已定力十足，无需长辈管束了。但是，我们都知道，不是所有孩子都是那么自觉的。爱好自由、活蹦乱跳甚至调皮捣蛋，几乎是每个孩子的天性。在他们自己还没有自发地建立起上进心的时候，长辈的管教就显得十分重要了。

正是刘必显，初步制定了后来刘氏家族极为严厉的家法。那个时候他自己也还没有考中进士。于是他想，如果我自己都没有考中进士的话，有什么资格来教训孩子们一定要去考进士呢？刘必显自己曾说："我性子傲急，且没有一丝当官的想法，只是想着考上进士，给后人树立榜样罢了。出仕去谋求功名利禄，不是我的喜好。（余性傲急，且无宦情，惟思得进士二字，启牖后人耳。以青袍致台鼎，非其好也。）"可想而知，他孜孜不倦，努力去考进士，不为别的，单单为的就是给后人树立榜样。最后，刘必显终于在 53 岁高龄考中了进士，实现了多年的夙愿。

刘必显考中进士之后，曾短暂地做过几年官，很快就辞官回乡了。然后，在剩余的生命里，他几乎将自己的全部精力都灌注在教育子孙上面。张贞《杞田集》记载，他回乡之后，"惟聚子孙一堂。教以耕读，不及世事也"。各种世俗的欲望都被摒弃，每天就是过着最单纯的生活——耕读。就像刘必显小时候在远村私塾念书时一样，所有诱惑都被打消，唯有用功、用功、再用功。若是碰上孩子调皮捣乱不听话，刘必显就要拉下脸动用鞭子抽打了。这样的老爸，按照今天的话来说，不就是极为典型的"狼爸"吗？

榜样的精神力量是无穷的。刘必显对科举的高度重视，确定了众多子弟人生努力的方向。他的次子刘果、三子刘棨，都是天资卓越又十分刻苦的人。刘家在明亡时避难金陵，当时有官员看中刘果的武将潜质，要把他提拔到军队中。刘必显看看时局再看看孩子，以为不可，就叫刘果一心读书。于是还乡后，刘果就发愤为学。结果，在短短六年时间里，刘果就中举、中进士，完成了人生的重大跨越。康熙经过几次面试，感到刘必显的三子刘棨文章甚好（"棨居官甚好，未知学问何如，因试四书文一篇，蒙褒赏"），这正是由于刘棨努力揣摩宋儒著作的缘故。年轻时，德州田雯奇其文。中进士后，刘棨更加刻苦读书，"博涉子史"。他们两兄弟在父亲的激励之下，相继成才，这就是对父亲坚持自己的教育理念最好的回报。

重功名、课子孙，确是最为刘必显看重的事情。刘必显的家教理念概括起来，就是"崇惇厚、黜浮华"这六个字。他自己不受世俗欲望干扰，并想把这种风气传达到后代子孙中去。刘必显做官的时候清白廉正，"风裁峻著"，周边的人都不敢跟他擅自私交。他教子孙亦以"厉廉隅为吏治之本"。"廉隅"为"端方"之意。刘必显严格地要求子孙务必培养起这种吏治之风。他是第一个为刘氏家族确立起清廉官风的人。康熙为刘果、刘棨题写"清爱堂"，也是对刘必显教育成果的肯定。

我们前面已经讲到，刘必显晚年活到了93岁才去世，之前刘果、刘棨一直陪伴着他。刘果在父亲去世之后由于自己也已经垂垂老矣，就再也没有出仕，一共家居二十年，在 73 岁时去世。而刘棨在陪伴父亲时刚刚考中进士，尚未出仕。他陪伴了父亲整整十年，等父亲过世之后方才出山做官。我们完全可以想象，在这十年当中，刘棨每日耳濡目染，从父亲和兄长那里学到了多少为官之道啊！因此，他十年后出仕，才会那么富有政绩：身居官场，既能清廉自持又能上下协调，八面玲珑，周转自如，上到皇帝，下到平民，都说他的好。

如果说刘必显通过言教与身教，双管齐下，为刘氏成为科举世家奠定了最为坚实的基础，那么，刘棨可谓是进一步明确了家法，夯实了这个基础。

刘棨管教起孩子来，我们想想都要捏把汗。孩子六岁，就要到外面去读书，而不能依偎于父母膝前撒娇讨喜。学习达不到要求，"辄予夏楚"——教鞭伺候。跟刘必显一样的方法，体罚。刘棨用这么严厉的方法来督促孩子学业上的长进，可谓用心良苦。并且，与刘必显的家法一样，刘棨也规定，读书汲古为主业之外，绝对不能有任何不良嗜好，也不准与社会上不良人士胡乱交往。刘家这种规矩，如果放到现在，你怕不怕？

（三）以孙宜人为代表的慈母

在我国历史上，一个成功的世家必定有一套成功的家教模式，而在一般情况下，我们都能看到"严父慈母"这一特征。这不是偶然的，略一想就可明白。古时候，男主外，女主内，父亲在外做官也好，经商也好，在家的时间较少，而母亲则常常在家，与孩子接触的时间更长。这种情况下，母亲往往包容孩子，喜欢看他们开开心心的；但父亲则不同，本来就很少在家，一到家中，就要检查孩子功课，建立规矩。这么一来，"严父慈母"就是很自然形成的一种家教现象了。

诸城刘氏家族也有这一特点，但略有不同。这不同点就是，刘氏的父辈们是非同一般的严厉，却并不是那种三天两头不在家，偶尔才来管一次孩子的家长。刘必显居住的别墅槎河山庄同时就是刘氏子弟读书的学堂。刘必显每天都要把子孙聚在身边，督导功课，当真是耳提面命，除了耕读，别的都不许孩子做，更不能与社会上的不良青年交往。而刘棨更是有过之而无不及。

这样的话，如果母亲也板着一张脸，孩子当然就难过了。

以刘必显的妻子孙氏为例，我们能看出刘家女眷的慈爱一面。

刘必显的首位妻子郑氏去世较早，她是在明朝灭亡的战乱时期，自缢身亡的。郑氏育有两子，即长子刘桢、次子刘果。刘果在担任江南提学道佥事时期，取才得士，颇得士子赞赏，尤其是他对后来成为一代名家的戴名世极尽赏识提携之功，得到了戴名世终生的尊敬与感激。故而，当继母孙氏去世时，戴名世应刘果之请，为恩师之母撰写了一篇感人至深的墓志铭。在这篇戴文豪的《孙宜人墓志铭》中，我们能切身感受到孙氏的人格魅力。

根据铭文，我们可知在刘必显原配郑氏自缢而亡之后，刘必显的母亲想为儿子另娶妻子。她听闻孙氏的贤惠之名后，即刻下聘礼迎娶。孙氏是安丘凌河人，父亲是国子监监生，应该说她是出身于书香门第。当孙氏嫁到刘家的时候，明末清初的大动乱还没过去，兵荒马乱中，家业萧然。孙氏换下锦衣玉服，亲力亲为操持家务，勤快俭朴，成为家人的表率。

刘必显是个不折不扣的"狼爸"，教育孩子严厉至极，每次小孩儿调皮捣乱不合心意就要用鞭子抽打体罚。这时，孙氏就常常用身体护住孩子，即使触怒了丈夫也在所不惜。有人劝她不要这么做，她说："我怎么能不知道孩子就是要

管教的呢？但是这两个孩子（刘桢、刘果）不是我亲生骨肉，不知道情况的外人如果说是我这后妈狠心不爱护他们，我该怎么办呢？"

那个时候，刘必显的原配郑氏育有两子，孙氏也已经有两个儿子一个女儿了。之后，她的三个孩子相继早夭，孙氏痛哭不已。她心中悔恨自己对亲生儿女并没有好好疼爱，因为她害怕别人指责她这个做继母的不疼爱刘必显与前妻所生的孩子，所以加倍地照顾刘桢和刘果，反而把自己的亲生子女疏忽了。

孙氏去世之后，刘桢、刘果两人每念及此，就更加心痛，每每痛哭失声。孙氏虽然总是为儿子们遮挡父亲的责打，为他们寻求借口，但是却从未放松对他们的督教，鼓励他们好好读书以考取功名。后来，儿子们都能科举成名，进入仕途，这固然离不开刘必显的教导，但同样也离不开孙氏的督促。

刘必显的侧室姓杨，也有两个儿子（刘棨、刘棐）、一个女儿，也都是孙氏带大的。孙氏以和睦持家，每次听到儿子和媳妇在房间里有争吵，就赶紧过去劝慰，教导他们和好，否则就不肯吃饭，一定要让儿子和媳妇相互赔礼道歉后才肯吃饭。因为她的缘故，家里数十年如一日，都和睦团结，亲密无间。孙氏有好几位妯娌，关系都处得特别和谐愉悦。她对待族里的亲戚们都很有礼节，对待奴婢仆人也很宽厚。有的时候刘必显想打骂奴婢，孙氏也假装生气，让儿子或者孙子代替刘必显处罚他们，或者做出要鞭笞他们的样子来，实际上却是偷偷地放过了他们。等到刘必显气消了，她才为他们解释。她就是这样以德服人的。

康熙十八年（1679），刘果以刑部郎中衔出任佥事，督学江南，赴任途中路过山东，便回家探望亲人。刘果特地为父母邀恩、得封，将凤冠霞帔礼服呈给孙氏，孙氏喜极而泣，说："假如我亲生的两个孩子都还在，也未必能像你这么有出息，我也未必能获得这样的恩宠，你真的很孝顺啊！但你是好官，这样为我们邀恩不会连累你的名声吗？"她在为刘果孝心感动之余还是替刘果担心。可惜天不假年，次年，孙氏就生病了，卧床不起，正月二十八去世，享年62岁。

戴名世的墓志铭写得情真意切，尤为感人。他并没有接触过孙氏，写作的素材完全来自于刘果的回忆和叙述。刘果必定对这位母亲饱含着极为深厚的感情，否则纵然戴名世拥有再好的文笔，也难以给一位素未谋面的女性写出这么出色的铭文来。

孙氏的仁厚慈爱与刘必显的严厉清正形成鲜明对比。每每刘必显要体罚孩子，孙氏就会为他们遮挡。但是慈爱归慈爱，她并不会姑息孩子，而是在平时控制好分寸，督导他们用功读书，不惹父亲生气，考取功名。她的为人很能代表刘氏家族其他女眷的风范。由于在封建社会，女性是被定位在对丈夫的依附上的，相对不受重视，因此流传下来的记载女性事迹的史料相对贫乏。但在家庭生活中，女性作为母亲的地位却至高无上，这在历朝历代都不曾改变过。生育、教育子女成为母亲的权利和义务，即母亲是家庭教育的主要执行者。在长时间与子女共处的过程中，其言谈举止就成为子女最直接的模仿对象，"慈母"的言传身教比"严父"的高高在上更加容易被子女接受，从而对子女产生长达一生的深刻影响。刘氏一家子的仁爱之心，真是离不开母亲们的谆谆母爱。

（四）私塾老师所见的刘家学堂

刘必显买下槎河山庄之后，就将其作为教导子孙的刘家学堂。刘家聘任过来讲课授业的私塾老师也都是饱学之士。其中有一位代表人物，叫李滋。他曾经写过一篇《槎河山庄记》，从私塾老师的视角来观察刘家的家教方法，现在我们能看到许多刘家学堂中的故事，还多亏了他的这篇文章。

先来看看李滟这个人的生平事迹。李滟，字若千，是山东省安丘市凌河镇关王庙村人。自幼好学，拜进士马长淑为师。雍正二年（1724）中举人。雍正十三年（1735）赴江南任同考官。乾隆元年（1736）中进士，官至国子监祭酒。他好学不倦，初习古文，后转入道学，造诣极深。著有《质庵文集》。

李滟作为刘家的姻亲，过来担任刘家的家庭教师，在当时是十分自然的事情。李滟是在雍正年间执教于槎河山庄的，大致就是他考中举人到去江南担任考官之间那十年左右。他在此期间，得以近距离体验刘家学堂的教育方法。当时刘必显已于三十年前去世，而刘棨也在几年前去世。但李滟从刘家子弟的口中听闻了他们治家的方法，并且记录在笔端。

他说，刘必显教家，靠的就是"崇惇厚、黜浮华"。而且，我们知道，根据戴名世的《孙宜人墓志铭》记载，一旦孩子不称刘必显的意，他就要鞭打他们。而刘棨不仅全盘继承了刘必显的这一切，还更胜一筹，"益严乎子孙"。孩子六岁，就要到外面去读书，而不是赖在父母跟前撒娇。学习达不到要求，也要用教鞭惩罚。而且孩子们进进出出，没一个敢嬉戏玩耍的，这是为了培养孩子们稳重大方的气质。曾国藩在其家书中屡屡问自己儿子近来行路能否持重，也是这么个意思。刘家的孩子长大后，睡觉盖的被子、穿的衣服、日常饮食，都跟贫寒家庭一样。前面是讲在学业上向高标准看齐，此处则是说在生活上要向低标准看齐。只有经过这样的锻炼，将来才能克服重重困难，做一个顶天立地的人。另外，刘家还有一条极为苛刻的规矩，孩子们除了"读书汲古"以外严禁有其他嗜好，也不能跟社会不良青年有所交往。这一点说的是立志、定志与慎重交友，以保事业有成。

自古纨绔少伟男，刘家长辈这么制定家法，对子孙也可谓爱之以其道。因此，李潫评价说："近世言家法者，首推东武刘氏。"

如前所述，前高密督导室主任韩金绶先生讲逄戈庄的刘家大院内有三口铡刀和一口长方形的油锅。据说是刘棨传下的家法，如有不肖子孙，辱没祖宗，就刀铡油烹，绝不姑息。而对于为官清廉而在逄戈庄老家无立锥之地的子孙，刘家大院东西又分设了数排平房，专门接待他们。这几排平房，刘家自称"官宅里"，就是我们前面讲到过的义舍。刘家考虑问题十分全面，可以称得上用心非常深密的了。正因如此，作为姻亲，同时又充当家庭教师的李潫对此深为佩服，并且还对刘家的昌盛做了预言。

李潫在槎河山庄授业的时候，在那里当家的是刘棨的三子刘绥煃，字引岚。当时刘绥煃的几个兄弟已经逐渐贵显

了，但是立身修行，依然恪守父亲刘棨传下来的家法。而刘
绶炀尤其注重教育下一代，为他们慎择师友，日夜劝勉他们
树立远大志向，不要辱没家族声誉。亲身见证了这一切的李
滋预言说，刘家的事业必将日渐壮大，跟槎河山庄的花木、
亭榭、山水一样秀丽壮美。从刘必显那里传下来的家法，必
将使家族繁盛贵显，甚至"可百世而未艾矣"。

刘氏家族在百余年内，蔚成国内一流世家的地位，李滋
的预言可以算是非常准确的。刘家严明的家教之法可谓功在
千秋。

（五）老爸影响下的书法大家

刘罗锅不仅宰相做得好，一手书法更是堪称清代书家翘
楚。康有为等人十分推崇刘墉的书法，将他称为清代帖学集
大成的人物。同时代的人戏称刘墉为"浓墨宰相"，一方面
是夸赞他饱读诗书，肚子里装满墨水；另一方面也是指他的
书法用墨浓重，意味深厚。

刘墉能在书法上取得这么大的成就，与家族的影响也是
分不开的，尤其是父亲刘统勋，对他前中期的书法成果有着
极大的教导之功。

御製詩墨蹟

劉文正文清二
公喬梓恭和
御製詩墨蹟
敬藏
敏求房
珍藏

《刘文正文清二公乔梓恭和御制诗墨迹》长卷（局部）

《刘文正文清二公乔梓恭和御制诗墨迹》长卷（局部）

刘棨定下的家法规定，刘氏子弟六岁开始跟着外面的师父接触文化，接触文字，那么刘墉何时对书法产生兴趣的呢？刘墉在其所编《书法菁华》一书自跋中提及学书经历时，曾说"自幼爱书"，清人王培荀在《乡园忆旧录》中也说刘墉"幼即工书"，但这些说法总是有些笼统。而我们在刘墉本人《学书偶成三十首》中的最后一首诗中终于找到了他何时痴迷于书艺的准确时间。在这首诗里，他自己讲是"总角"之年"弄笔狂"的，"总角"之年，就是八九岁。这也就是说这位后来的一代大书法家，是在八九岁时，对书法产生了浓厚兴趣的。

在古代，拥有一手漂亮的书法是极为重要的。科举应试，若是卷子上的字写得不好看，结果只能是名落孙山。而出色的书法则能让考官眼前一亮，增进读卷的兴趣，被录用的可能性就会大大增加。不仅士子们对于书法很看重，朝廷也一样。官员写奏折、文件呈给上司甚至皇帝，若是没有一手漂亮的书法，难免脸上无光。而皇帝日理万机，自然喜欢看到赏心悦目的文字。历朝历代的皇帝普遍都喜欢书法好的臣子，这是有原因的。但这样也产生了一个弊端，那就是千人一面的"馆阁体"的盛行。康熙偏好董其昌，乾隆喜欢赵孟頫，于是下面的臣子跟风都去学赵、董两家的书法，但偏偏又学不到两人的精髓，只能写出一种规整的有如印刷体的样子，艺术趣味几乎丧失殆尽。

刘氏家族因重视科举之故，也十分重视书法，子弟中不乏书法高手。刘墉的大伯父刘桢、二伯父刘果都善于书法。而刘墉的父亲刘统勋为官清正，可谓妇孺皆知，但其实他在书法上也达到了不同寻常的造诣，只是书名为政名所掩，若非与他真正相熟，难以见识到这一点，以至于他的书法少有人知。

刘统勋的门生故吏凡是见识过他书法的，都对此颇为称奇。李放在《皇清书史》一书中专门为刘统勋列目，其下有王昶、王文治、赵怀玉等人的评论。王文治是清代著名书法家，与刘墉齐名。他说："刘文正师不多做书，然于书家境界甚深且备，今石庵前辈（即刘墉）书名冠海内，谛观之，皆自文正出也。"赵怀玉说："今世争重石庵先生书，不知其先文正公，亦以书法雄一代，石庵先生自松雪入手，文正则神似松雪，学固有自来也。"刘统勋的书法境界甚深而且完备，刘墉虽然书法名冠天下，但其实他父亲早已能凭书法雄视一代。刘墉的书法是从赵孟頫入手的，而刘统勋却神似赵孟頫，对照两人墨迹揣摩观察，就能发现刘墉的书法在来路上受到父亲刘统勋极大的影响。

刘统勋影响刘墉的不仅仅是书法的路子，他还为刘墉早早地提供了一个在书法上成名成家的优越环境。由于刘统勋

早轡馬古痕深隔磧者成舊連山

望似岑將軍為能緩帶關倚散疎襟

樹

右詩十首不全錄 石菴

作此詩到今四十餘年墨瞇蛀

進境如日～

《刘文清公自书诗真迹神品》册页（局部）

官居军机大臣之位，又有着很高的才学，这样，他就开拓出了一个由学界艺林名流组成的交游圈。他指掌全国文枢，门生均是一时俊杰。在这个交游圈中，最为耀眼的一群人就是四库全书馆臣们。馆臣中以永瑢、于敏中、刘纶、裘曰修、阿桂等为代表的正副总裁属于统筹者，或为皇族或为重臣，梁国治、王杰、纪昀、朱珪、彭元瑞均为饱学之士，而且都与刘墉有着非同一般的交情。

刘墉作为宰相之子，早早地就融入了全国水平最高的文化朋友圈当中。这为他与众多高人切磋学问、切磋书艺创造了极其便利的条件。

刘墉受家法塑造，自幼便摒弃了一切世俗嗜好，官务之余唯好翰墨。他在青少年时期便享有一定的声誉，32 岁中进士点翰林后，于 37 岁外放安徽学政，被乾隆称为"瀛州新翰林"，因此时人赞他为"以贵公子为名翰林"。春风得意，在书法上又一向善于出奇制胜的刘墉，此时此刻，已完全摆脱了科考功名以及"馆阁体"的束缚，获得了完全的自由。他在书法上的成就也相应地稳步提升。刘墉写于 45 岁的家书《致刘墫书一》，从笔墨取法渊源上看，前三页，明显带有其父刘统勋及赵孟頫的影子，末页则更多地带有董其昌的痕迹，而信中有些字的结构，已经与晚年成熟时期造型相差无几了。

刘墉有着父亲为他提供的"朋友圈",又凭借自身的才学和在书法艺术上的创造力,在当时赢得了大批高级"粉丝"。最典型的例子有成亲王。成亲王永瑆是嘉庆皇帝的哥哥,也善于书法,在当时已经很有名气,但他在刘墉面前却非常诚恳地执弟子礼。这在他所藏的刘墉书《头陀寺碑稿》的跋中体现得十分典型:

> 石庵先生自松雪得路,浸淫晋贤。今人书俱老,遂到化境,作此卷时年已七十有六,篝灯疾写,精力不倦,以余爱不释手,乃用见惠,爰装成卷子,识我师资。

同是一代名家,对刘墉书法评价"今人书俱老,遂到化境",可谓知言。而"以余爱不释手,乃用见惠",可见两人情谊肫肫。"爰装成卷子,识我师资",成亲王对刘墉书法可谓推崇备至。而对同代其他书家,未见成亲王有如此推崇者。

徐珂对他书法境界的评价最为准确,所以引用的也最多:"诸城刘文清书法,论者譬之黄钟大吕之音,清庙明堂之器,推为一代书家之冠。"而刘墉对时人和后人的影响也很大,除了上述的成亲王以外,清代最有名的几位书法大家如伊秉绶、何绍基,以及名气同样很大的英和、翁同龢、沈寐叟，都曾受过刘墉的影响。我们尤其不能忽略的是清代两位最重要的书论家包世臣、康有为都对刘墉书法评价极高。包世臣认为清代书法除了他老师邓石如以外，就数刘墉写得好。康有为认为刘墉比董其昌写得好，是清代帖学集大成者。其实，我们只要看看刘墉之后人们的手札与字画上的题跋，大多是学他的书法的样子，就知道他在清代、民国书坛上有多厉害了。

（六）"不为名相便为良医"的刘奎

我们在前面已经讲到，诸城刘氏从刘必显开始，就开创了整个家族以科举立家的传统。在他们家看来，"学而优则仕"，以自己的才识德行去为天下百姓谋福利，是每位子弟都应该从小树立起来的远大志向。但是，家族中有一人的成才之路与众不同，那就是刘奎。他没有像其他刘家子弟那样将科举之路走下去，而是选择了将毕生心血都投入到医学研究当中。这在整个家族内部，可以称得上另类。

其实，刘奎在青少年时期，是个绝顶聪明、深受族中长辈器重的人，据其友人刘嗣宗描述，刘奎"赋性仁慈，与世无忤，为善唯曰不足。抱不羁之才，读书目下十行，而又手不释卷"。天资卓越，才华横溢，读书一目十行又好学不倦，加上秉性善良仁厚，对刘家长辈来说，这样一个麒麟儿，如果参加科举走上仕途，必然会有很高的成就。

刘奎负不羁之才，饱读诗书，文化底子深厚，文笔出众，当时就已经入国子监读书。他的五叔刘统勋是朝廷重臣，如果刘奎想要"登云路"、"点朝班"，似乎是水到渠成之事。而且他的堂兄刘墉也对他十分照顾，备尽兄弟情谊，先是带他到自己江苏学政衙署处理一些政务，然后又因父亲身边只有堂兄刘壿照料，遂将刘奎送至北京父亲之处，对其仕途似乎抱有殷切的期望。

但似乎是天意，刘奎自幼就身体不好，孱弱多病，那时候就深受父亲刘绶炜影响，对"岐黄之术"有着浓厚的兴趣。歧黄之术是古代对中医医术的别称，因为轩辕黄帝与他的臣子岐伯时常坐而论道，他们讨论医学问题，并将其记载在《黄帝内经》这本中医宝典当中。于是后人就称中医为岐黄之术。他的父亲刘绶炜是刘棨的第三个儿子，精于医理，一生南北宦游，虽官务倥偬，但只要闻人疾苦，莫不竭力丞救。刘奎年幼多病，朝夕跟在父亲身边，受其影响，闲暇时经常阅读家藏医书，对其要诣心领神会。

于是，刘奎最终作出了一个十分重大的决定。他说自己"自幼不利场屋，入闱辄病"，从小考场不利，一进去就生病。好像就是老天安排，死活不让他走科举这条路。于是在中年时刘奎就抱定了一个"不为良相，便为良医"的志愿，绝意仕途，刻苦攻读医书，昼夜不辍。

唯有良相与良医才能救人，刘奎"赋性仁慈，与世无忤，为善唯曰不足"，这么一个心怀仁爱的人，最终选择从医的道路，真是生民之幸！

刘氏家族是个宅心仁厚的大家族，家族成员无论长幼都对刘奎志在救人的决定十分支持。比如刘统勋就是个很好的例子。在刘统勋身上我们能体会到什么叫作名相气度。他是个胸怀广阔的大儒，又是"良相"，当时得知刘奎要做"良医"的大志向之后，由衷地感受到一种心灵上的契合。因此刘统勋不仅对刘奎绝意仕进的做法未加责备，反而十分支持他的决定，还介绍他跟随名医郭右陶学习临床医术。刘统勋识才的眼光是出了名的，他每看一个人，都能大致预见到他将来的成就。或许那时候刘统勋就已经注意到了刘奎身上那种一代名医的气质。

有了家族的支持，刘奎就没有了后顾之忧，得以全身心地投入到自己的医学研究中去。他遍览古今医书，精研《内经》、《难经》、张仲景的《伤寒论》以及金元大家和明代张景岳等历代名家的理论著述与临床医术。正因如此，刘奎方得以提高水平，开阔视野。他将刘家"学以致用"的治学理

序

憶余自幼時耳目之所覩記鮮見醫
而儒者也乃轉而思焉其疫疹當不
至是使得克白振拔者焉而一起其
衰應忽有可觀者焉故余極欲留心
醫學每爲塾師所□傳工藥子業
臨未遑及之弟襄所授之文寓目即
昏皆睡去抛不記憶間嘗取唐宋八

文總不敢草率爲疫百文筆法閒醫學之義蘊有識者
自能辨之
一脈學故旦諸青溫疫之脈亦不外浮沈遲數等候業
醫者脈訣固所素習豈不多贅

松峯說疫卷之一
諸城劉　奎松峯著輯
福山劉綱宗南疾棻閱
　　　表李遜虔謹菴較
　　　姪李□□□校
述白

劉禾調帝曰余聞五疫之至皆相染易無問大小病狀相
似不施故染如何可得不相移易者伯曰天牝鼻□老子謂
正氣存內邪不可干避其毒氣天牝元□□門毒氣從
鼻來可□□從□復得其生氣出於腦即不干邪氣出
於腦即先想心如日欲將入疫室先想青氣自肝而出

刘奎著《松峰说疫》书影

念承袭了下来，迅速将注意力瞄准了当时瘟疫流行，许多百姓病死荒野的现实。

刘奎游历广泛，贫人无药可医，白白等死的悲惨局面他肯定见过多次。我们相信多数医生并非不是仁慈人，见到这些悲惨人事，也会尽心竭力地去治病救人，但这还只是小爱。而刘奎却通过自己在瘟疫学用药上的创新，从根本上解决了贫苦百姓无药可医的难题，若非出于大爱，是绝对做不到的。

为此，刘奎上山下乡，在穷乡僻壤找易见之物作为治病的药材，既廉价易得又有效，贫寒家庭无力购药的，都能轻松地在身边找到这些药材。刘奎这么做，是因为他知道，只有这样，才可能使自己化身千万，从而造成这样一个局面：人人都可以得到药物，凡是稍懂医理的人均可在他所著《松峰说疫》的指示下治疗瘟疫。凡是知道刘奎所说之法的，人人皆可成为大夫，既可治己又可救人。因此，当瘟疫肆虐之时，才不致尸横遍野，十室九空，才能保一方百姓的平安。他这种独特的用药方法，在清代瘟疫学上独树一帜，而世人景仰他不仅仅由于他医术高明，更是因为对他那颗"志在救命"的仁爱之心敬佩之至。

刘奎就是这样，以其杰出的理论著述与实践被推举为中国医学史上的一代瘟疫学大家。他一生多奔波于京师、西安等地，悬壶济世，活人无数。晚年之际，落叶归根，隐居于老家诸城（现五莲县户部乡）松朵山下，自号松峰老人。享年 84 岁，忌正月初。

（七）儿时爱好成就收藏大家

从前面两篇可知，刘墉和刘奎经过不懈努力和创新，各自成为了书法和医学上的一代大家，成为整个刘氏家族在这两门家学中的代表人物。除了他们两人，刘家还有一个人在某一领域达到了前所未有的高度。那就是从小爱玩古董的刘喜海，刘镮之的儿子，刘墉、刘奎的侄孙。刘墉去世时，刘喜海已经十岁左右。根据刘墉的二十六弟刘塄讲述，刘墉生前特别喜欢刘喜海这孩子，总是把他带在身边，曾与他朝夕相处。

刘家的孩子受家法规束，不得有不良嗜好，因此，他们从小就养成了高尚的趣味，求知欲旺盛，唯好读书汲古，写字做学问。

刘喜海简直就把祖宗刘必显规定的"读书汲古"这条路走到了极致。他之所以在十岁不到就受到刘墉的喜爱，不难想象，应该就是由于刘喜海这孩子有古风，好学不辍。他童年时就有幸生活在大学问家伯祖刘墉的身边，朝夕相处，随时就能得到高明的指点，这对他将来从事学术和收藏必定有非常大的帮助。我们知道，刘墉本人就特别喜欢把玩古砚、金石拓片、前人墨迹，这对于年幼的刘喜海来说是绝佳的引导。

他用一生的时间搜罗古籍、金石、钱币等，还写下了数量惊人的著作。他做官的时候，官事之余，都把精力花在淘古董上。以至于最后被浙江巡抚诬陷罢官，理由也是只顾玩古董，荒废职守。但他是一个会荒废职守的人吗？在前面"收藏界高人侄孙刘喜海"一节中讲述了他在四川整治啯匪的事迹，清楚地表明了他在腐败的官场中是一个敢作敢为、敢为百姓出头的人。

刘喜海从刘氏祖先那里继承了丰厚的精神遗产，包括雄厚的学养、广阔的学识、开阔的眼界，以及刘氏世代承袭的清廉之风。他本人没有不良嗜好，不艳羡爵禄名利，也不痴迷金银财宝，唯嗜好金石古物，为官任职时，所到之处"不名一钱"。据同时代的人描述，他在浙江布政使任上时，官宅清似水，除了他的金石著作，几乎四壁萧然，生活极其简朴。当他卸任离去时，行李中只有他写的手卷，宦囊羞涩，没什么其他东西。罢官之后，他虽然更乐得逍遥，全身心投入对泉币、印泥、宋版图书古籍、金石碑文等的搜集考据，但却无钱印书。等到他去世，儿子们无奈只好将其搜集了一生的古董卖掉以维持生活。

刘喜海一开始搞收藏或许只是出于玩玩的心态，但道光元年（1821）刘镮之病逝后，刘喜海以荫监生赐官户部郎中，从此，他开始深入系统地进行收藏，并以此为依据进行学术研究。那时候，他来往于北京、杭州等地，有计划地大批购进古书、碑帖及钱币。据传在他的藏书处味经书屋和嘉荫簃中，奇书非常多，仅宋刻唐人集就有数十部。

他眼光独到，非常善于"淘宝"。比如由四川按察使擢升浙江布政使后，第二年逛杭州庙市，就淘到了集宋本《史记》。淘到这本书，刘喜海如获至宝。《史记》是正史中的第一部，而集宋本《史记》，又是《史记》最古老的版本，也是存世迄今最好的本子。我们可以理解他当时的心情，对于一个藏书家来讲，这样一个经典著作最好的版本可以极大提升自己的藏书品味，简直就可以作为他们家的镇宅之宝。

刘喜海的藏品琳琅满目，如果建一座私人博物馆，没个两三天，还真看不完。如果真要细说他花毕生精力弄来的珍宝，非得讲得口干舌燥不可。他搜罗的古籍、来自朝鲜日本的图书、自己手抄及编纂的书目、从古至今历朝历代几乎数不完的古钱币、商周的青铜器、金石拓片……刘喜海的藏品十分宏富，而且其质量之高，直叫我们垂涎三尺。

他能获得这么多的藏品，其原因第一，他拥有显赫的家族背景。第二，他每天每夜都惦念着收获古董，这种专注度非常人能达到。第三，他靠积年累月训练出来的鉴赏能力与开拓出的购藏渠道，往往能买到好东西还比别人尤其是外行少花许多钱。如在他之前，青铜器藏家只看色泽、器的大小，根本不注意青铜器上有无文字。因他入行早，就花很少的钱，买了一些文字多的上佳重器。第四，他生性温厚，朋友遍天下，名流之间馈赠礼物，也是他藏品的一大来源。第五，刘喜海很富有创新精神，从前没人收藏过的东西，他觉得有价值，就收藏，还为之著书立说。因此，他还独占了收藏史上许多个"第一人"的称号。有趣点的，像什么大规模收藏海外金石拓片并成书第一人、国内为朝鲜日本书籍编纂书目第一人、大量发现研究南宋铁钱第一人、收藏小唐碑第一人、收藏唐善业泥造像第一人……不胜枚举。这些藏品得来时花钱很少甚至不用花钱，但经他的研究推介，都成了人间瑰宝。因此，刘喜海虽然是清官但不妨碍他成为一个大收藏家。

正因为有了这么大的一个宝库，他在古籍版本学、目录学、金石学、钱币学等学问上的造诣就非常深。借助收藏的五千通量大质精的金石拓片，他写成经典著作《金石苑》，

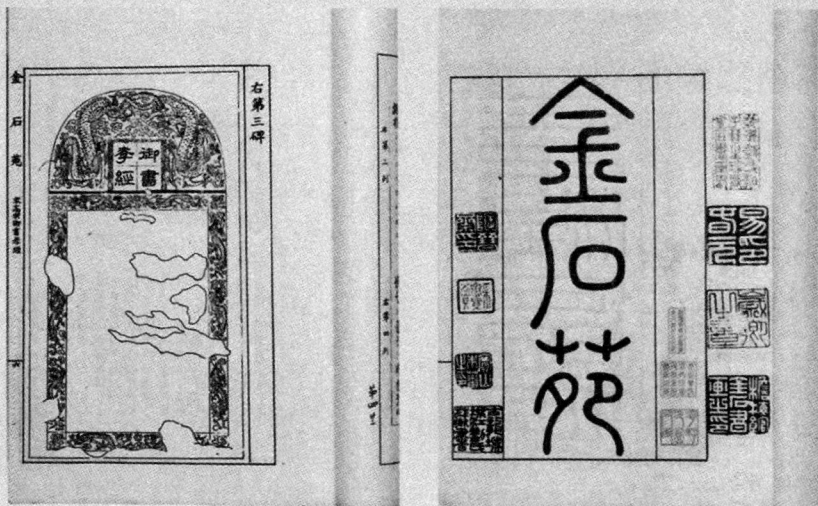

刘喜海撰《金石苑》书影

刘喜海撰《长安获古编》书影

规模巨大，学术价值极高。后世学术大家王国维为之写下非常长的跋语，耐心地阐发这本金石著作的内容，使之声名卓著。而刘喜海依托收藏的古钱币而写就的《古泉苑》一书，更是使他成为中国近世钱币学的奠基人。据清代大钱币学家鲍康所说，刘喜海遗稿零落殆尽，一大批珍贵的著作遗损。但经后人拾残补坠，现在传世的，据不完全统计，仍多达32 种。以上所列的两本仅是他对后世影响最大、学术价值最高的著作而已。

刘家从刘通、刘必显开始，就有刻苦为学的风气。刘墉在繁忙的官务之余，还每日坚持作诗写字，他曾有诗说："书生不废吟哦功，袖书怀笔肩舆中"。我们可以因此联想到，他的侄孙刘喜海之所以能够成为大古泉学家、金石学家、藏书家的真正原因，还是因为刘喜海为此付出了毕生的心血，几十年如一日，手不停披、笔不停挥，诚所谓冰冻三尺非一日之寒。

東武劉喜海燕庭編輯

新羅

真興王北狩碑搨本殘字

書撰人無攷陳光大二年在咸鏡道咸鏡
府古地　其文殘缺草芳院今泐

案真興王名彡麥宗立于梁大同六年
薨於陳大建八年在位三十七年奉佛
甚力至末年剃髮披僧衣自號流雲住

雲興寺

刘喜海撰《海东金石存考》书影

嘉蔭簃論泉截句卷上

東武劉喜海燕庭

乾元美利古猶今食貨陳疇天地心大寶紀元留字在累朝

國史共蒐尋

土華璀璨毓奇光銅質斑斕發古香壽世好同金石永泉涊

不竭自流長

魯褒有論著錢神矩地規天取象真動靜行藏為世寶孔方

兄竟敘彝倫

刘喜海撰《嘉荫簃论泉截句》书影

四、宅心仁厚的一家子

（一） 刘封翁传说之谜

我们都知道，清代有两本最著名的笔记小说集，一本是蒲松龄的《聊斋志异》，另一本是纪晓岚的《阅微草堂笔记》。

在那两本杰作的影响下，还诞生了另外一部有趣的作品，那就是许奉恩的笔记小说集《里乘》。作者许奉恩在序言中为自己制定的最高创作目标就是要跟蒲松龄、纪晓岚的作品鼎足而三。他口气不小，也确实有才气，但最终证明还是比以上两位大文豪差了一截。话虽如此，《里乘》仍不失为一部很有价值的书，在清代晚期也只有它才有资格跟前面两部名著较量一下了。许奉恩文笔优美流畅，讲起故事来曲折生动，当时的世相百态、风土人情都被他记录下来。官场

科场、民俗民风、家庭邻里、男女恋情、僧尼武侠、神鬼精怪，都能在书中得到细致入微的体现。

在《里乘》中，我们可以找到一则"刘封翁"的故事。大意是说，山东诸城有一位刘封翁，家境非常富裕。某一年大灾荒，粮食歉收，物价飞涨，一斗米卖到一千钱，百姓不堪其苦。刘封翁本可安然坐拥雄厚家财，但他慈悲为怀，倾尽家财赈济灾荒，使很多人活了下来。后来他的儿子文正公刘统勋、孙子文清公刘墉，相继成为宰相。他的曾孙刘镮之也官拜尚书。他的后代科举考取功名、进而入仕为官者连绵不绝，这真是对他行善积德的报答啊。《里乘》的作者许奉恩随后就点评道：刘封翁决定毁家救荒，可谓有远见。如果他当时为了保全家财而各啬一点，不仅自己的家业未必能够保存得住，还会被扣上"为富不仁"的恶名。这样看来，人岂不是应该积极行善吗？

因为《里乘》这本书的作者许奉恩在创作时给自己设定了一个目的——"劝善惩恶"，所以，他在书中反复地给读者灌输行善积德的观念。刘封翁的传说就是一个教化世人的极好例子。

由故事中的"山东诸城"、"子文正公统勋，孙文清公墉，相继为宰相。曾孙文恭公镮之，官至尚书"等情节我们可以一目了然地知道，这位"刘封翁"指的就是刘棨。那么，这则传说中的事迹在正史中有没有记载呢？

我们翻遍了刘氏家谱、《诸城县志》、《诸城县续志》以及其他地方文献，很遗憾，既找不到关于刘棨毁家救灾的类似记载，也没有"刘封翁"这一称号存在。这件感天动地的大善事仿佛从未存在过。许奉恩似乎杜撰了一个故事，讲了一个"小说"，跟读者开了一个玩笑。我们知道，纪晓岚在《阅微草堂笔记》里面讲起故事来就有点"神神叨叨"，蒲松龄的《聊斋志异》更不用说了，几乎就是一部灵异鬼故事集。《里乘》的创作受他们影响，加入一点虚构的东西也是合乎情理的。但是，如果许奉恩讲的是假的，为什么整个故事有叙有评，似乎如假包换？但如果许奉恩讲的是真的，为什么我们又找不到其他史料佐证？

最合理的解释就是：刘氏子孙累及高第、三公二宰、三世一品，乡民以其家族为骄傲，便会将原因归结到"祖上有德"、"祖宗保佑"等因素，而刘家人确实宅心仁厚，平时积德行善，故而乡民口耳相传演绎出一个毁家救灾的故事，塑造出一个如同活菩萨一般的刘封翁。故事传到许奉恩的耳朵里，被他这个好事文人一加整理，就变成了现在这个样子。

因为没有明确的史料佐证，我们不能断言刘棨确实做过毁家救灾之事，但后人演绎出这样的故事，却未必是凭空捏造。在古代，一个人的事迹本就不可能被尽数记载下来。刘棨本人是个乐善好施的人，史料记载，他和弟弟刘棐曾经轮流做过救荒的事。想必乡民们就是根据他们的这种举动塑造出了一个"刘封翁"的形象的。

这个传说很能代表诸城刘氏家族的家风，从中我们可以推知，乡民对他们刘家人的印象是极好的，他们家族的仁善之风获得了社会的一致认可。

（二）刘棨、刘棐轮流救荒

从前面许多故事中，我们都已经看到了刘氏家族宅心仁厚的一面。家族子弟入仕当官的二百多人中，无一贪官，都恪守"清廉爱民"的家风，上自首辅宰相，下到底层县令，都在各自岗位上为百姓造福。刘家做学问还重在经世致用，水利学、刑名学、医学，无一不是救人的学问。这种高风亮节，实在值得我们这些后人景仰膜拜。

刘封翁的故事让我们得以从民间传说的角度来体会刘家这种温厚仁善的家风。可见他们一家子积德行善的举动有多么深入人心。

刘封翁的历史原型就是刘墉的爷爷刘棨。传说中说他为了赈济灾民，不惜变卖家产。虽然史料中没有明确记载这件事，但我们却可以查证到他所做的其他很多善行。

《诸城县志》记载，康熙四十三年（1704），山东再次遭遇大饥荒时，刘棨、刘棐兄弟二人相约单双日分别出巡，刘棨逢单出，刘棐逢双出，这样轮流到方圆十里地以内巡查。一旦看到有人挨饿，面如菜色，就毫不犹豫送他三升粮食。就这样，他们轮流救荒，你一天我一天，历经十个多月才停止。不仅如此，他们还派人捡拾饿死之人的尸骨，为其安葬。

他们的父亲刘必显当年经商致富，为家族置下偌大产业，但即使如此，以一家之力连续十个多月每天不间断地救济灾民，这个工程何其庞大，耗费家财何其巨大，施救之人何其仁善，被救之人又将何其感激！我们可以想象一下，再怎么庞大的家业恐怕都经不起这样的施舍，刘家为此在经济上肯定会出现一些困难，甚至变卖一部分产业。

这时候，我们就可以大胆推断，或许许承恩在写作《里乘》时，听人讲述的正是刘棨、刘棐兄弟二人的这件轶事，因为年代久远又没有切实取证，加上乡民口耳相传、添油加醋，就慢慢演变成了一个"刘封翁"的故事。但我们还是能够明显地从中看到刘棨、刘棐的影子。同样是救灾，刘棨、刘棐长达十个月的施赈，即使算不上"毁家"，那也一定是做好了倾尽家财的准备了。

这种精神对整个家族形成乐善好施的家风有着重要作用。刘氏后代不乏大善之人，虽不像刘荣、刘裴的救灾之举那么惊天动地，但行善之心一般无二。比如刘荣的七子刘维焯就以其敦厚善良深受乡里人赞誉。最能体现他为善的是他仿照朱熹"社仓法"而设置的"丰余仓"，即将自己的田地开辟出几亩，专门用来进行粮食储备，以缓解乡民时不时粮食紧张的问题。而刘裴的长子刘继燏曾在村里设置义塾，延请私塾老师，使族里族外以及佃户子弟中的可造之才都能够免费入学。刘荣、刘裴的大哥刘桢之子刘绍辉生性俭朴，但接济、救助鳏寡孤独及贫困亲友乡民却毫不吝啬。这些刘氏八世子弟的行善之举惠泽乡里。

而在刘氏九世子弟当中，乐善好施最突出的莫过于悬壶济世的刘莽和刘奎。刘莽以"终养"辞官告退，在家乡的二十年里，"常制药饵以待病者"。而刘奎抱定"不为良柜，便为良医"的志向，终其一生以钻研医学为事业，最擅长的领域是瘟疫学，他充分发掘乡里寻常可见的东西作药物，以使用它们制造治疗各种瘟疫的药材，并将使用方法告知百姓，教百姓自救。还有九世刘埴的妻子孙氏，在遭遇灾年时，不仅将自己平时辛勤劳作所积攒的钱财都拿出来赈济贫民，还收养了数十个小女孩，一直抚育她们长大，直到为她们选择合适亲善的人家婚配；刘纯炜的孙子刘鉴平，在乡民中间也以乐善好施闻名。

由此观之，刘封翁故事的口耳相传，并不是没有道理的。刘氏家族的前辈后人代代都有大善之人。虽然他们行善的方式各有不同，但乐善好施的家风却是毋庸置疑的。先人的行善之举为后世树立了楷模，而后世又对先人充满追慕之情，这两种力量互相作用，诸城刘氏这一家风便得以代代相传。

（三）虚心抑己的刘氏处世之风

我们曾经根据刘必显的事迹推论过他的诸般性格，譬如辞官归里说明他不贪恋名利，拒收馈赠说明他清廉正直，为汉民伸张正义说明他不畏强权……但他性格中还有一点却是无须推断的，即谦虚谨慎、谨言慎行，因为乾隆《诸城县志》中明确记载其"性醇谨，言笑不苟，人称为长者"。而刘必显自己也曾受邀修撰康熙《诸城县志》，还给它写过跋。在跋里面，我们能看到他的这种性格以及在这种性格主导下的处世风格。

刘必显说自己得知受邀修县志时诚惶诚恐，编辑过程中费尽心力，却自谦出力太少，空有为人臣子的赤诚之心。他虽然坐拥家财，功名及身，甚至还有身份显赫的儿子，却从不过问、干涉县政，编修县志时也从不妄加评论。

谨言慎行的低调处世风格，在日常生活中未必是多么突出的优点，但在宦海浮沉中，却至关重要。谨言可以规避无意中的出口伤人、祸从口出，慎行则能避免冒失莽撞……为官能平步青云者固然要具备思维敏捷、智谋过人、清正廉洁等诸多素质和拿得出手的政绩，但若不能做到低调谨慎，其仕途升迁的难度无疑会大大增加。

这是刘必显为后世子孙奠定的又一家风，毫无疑问，官居大学士、已至人臣之极的刘统勋是在这一方面最有祖风的，在他与皇帝、同僚下属、乡民亲友的交往中，我们都可以体察到他的慎之又慎。此处仅列举数例。

首先是编修族谱。刘氏自古就是大姓，诸城所属的青州在汉代为琅琊郡，名门高第汇聚，时人称"刘氏之望二十有五"。毕竟刘是汉朝"国姓"，与天子同姓，沾光不少。汉唐以来，姓刘的将相名人不可胜数。乾隆年间诸城刘氏修族谱时，刘统勋却因没有确凿史料考证砀山以前的情况，就只尊砀山为祖，一丝不苟，没有妄推世系，把自己家族擅自往古时候某位刘姓名人身上靠。而他的谨慎同时还体现在对新族谱的详细审定中，但凡入谱且已去世的人都记录其祠墓，写明每一支的迁徙，秩序井然。其后，刘镮之在嘉庆年间重修族谱时，以爷爷刘统勋所修家谱为基础，而且严格遵照刘统勋所定凡例，没有一处妄加变动的地方。

其次是为官。刘统勋卓然独立、低调为官。刘统勋在军机处当值时，总是闭目而坐，极少主动参与同僚之间的私下讨论，只有当听到别人讨论事情出现错误时，他才会睁开眼睛指出错误。内侍传赐食物时，他只是"谢恩祗领"，从不与内侍多作交谈。后来宦官高云从因为泄露朱批被乾隆皇帝"力正刑辟"。这一案件牵扯出一大批与宦官有勾当的当朝要员，成为轰动一时的大案，但刘统勋却因平日与内侍毫无关涉，所以能独善其身。时人称他"端严慎密"。刘统勋去世后，刘墉处理宰相老爸的后事，一点也不高调夸张。刘墉因父亲"事在记注，功在史戒"，故而"不撰行状，不请为墓碑、墓志"，以免出现溢美之词，而只是将父亲所奉谕旨和生平奏疏按年编排起来，整理成册，留给后人。他能有这样的做法，显然是继承了父亲的低调。同时也表明刘墉对父亲的了解之深，这使他能按照父亲生前的性格来为他治丧。

最后，也是为宦生涯中最重要的，是与皇帝的关系。清朝初期，满族皇帝为了控制汉族臣下，将驭臣之术运用得炉火纯青，恩威并施之下，几乎每一位当朝重臣都是几经浮沉。但是，乾隆朝大臣，从始至终一次都没有入刑部监狱的，只有刘统勋一人。刘统勋只栽过唯一一次跟头，那是因主张巴里坤撤兵而被责罚，形式为贬官随军，而非入狱。若非他时刻保持高度谨慎的态度，处处注意言谈举止得当与否，怎么可能赢得疑心颇重的乾隆皇帝的信任？他不仅在生前成为乾隆决计定疑的重要咨询者，更在身后赢得了乾隆"如刘统勋，方不愧真宰相，汝等宜法效之"的赞叹。刘统勋深知皇帝对自己的信任，深知自己所享诸种殊荣皆为皇上所赐，更是时时处处提醒自己饮水思源、感恩铭德。他曾经撰有几副对联，一为"退一步想，留几分心"，堪为其座右铭；一为"惜食惜衣，非为惜财只惜福；求名求利，但须求己莫求人"，也是其为人处世的形象写照。

跟父亲刘统勋自始至终的谨严端正相比，刘墉的处世风格有一个变化的过程。他初入仕途，十分得意，仅用三年时间就走完一般人要走九年的路，所以时常自诩"以贵公子为名翰林"。但他后来因父亲在巴里坤驻军事宜受牵连，被除官彻查。又因在太原知府任上受部下侵吞公款牵连而获罪，这样好几次遭到贬黜，尝尽人情冷暖。再后来又陷入到跟和珅集团长期的明争暗斗之中，这样一来，刘墉对官场生态理解得愈发透彻。于是，我们能发现，刘墉初出茅庐时在地方上的意气风发、锋芒毕露，在后期转而过渡到虚心自抑、低调圆融，尤其是班列朝臣之后，这种转变更为明显。乾隆皇帝甚至责备他"一味模棱"。但细究原因，我们可知，此时乾隆专宠和珅，满朝文武皆争相巴结和氏，刘墉不愿同流合污又需明哲保身，便采取"不激不随"的圆融之道。但他刚正清峻的官风在实质上并未有丝毫改变，这从他后来在嘉庆登极大典上向乾隆冒死力谏使其交出大宝、又辅助嘉庆法办和珅等事情中可窥一斑。

刘氏子弟对虚心抑己、谨言慎行的处世方式有着非同一般的坚守，刘墉的六叔刘组焕给儿子刘臻的家书中曾勉励他"清勤永励媲三异，敬慎常怀对九阍"，就是教导刘臻要常常反思自己的行为以使自己保持清廉勤勉、恭敬谨慎，不负朝廷圣望。诉讼断案事关性命，刘果把欧阳修的《泷冈阡表》"夜烛治官书"一段抄录于壁，每次断案都要重读一遍，反省是否为囚犯考虑过生路。他为家族立下了"矜慎刑狱"的先风，后继子弟不乏"青天"、"况钟"一类人物，正是源自于刘果"矜慎刑狱"先风的结果。而后又被刘统勋、刘墉、刘镮之等继承。而家族成员间的这种互相影响，使这种虚心抑己、谨言慎行的处世之道成为无可置疑的刘氏家风。

（四）躬行孝道的孩儿们

"百善孝为先"，孝是我国几千年文化一直沿袭下来的第一美德。孝顺这一点，在刘氏子弟身上展露无遗。

六世祖刘必显是全方位奠定家业的人。他有四个儿子，长子刘桢、次子刘果、三子刘棨、四子刘棐。刘果、刘棨因为科举上的成功，步入仕途成为身份显赫的官员。而长子刘桢却因为科举不顺，一辈子到头也没有真正的官职，这在显宦如云的刘氏家族中堪称平凡之极。但是，他性格刚烈，尽孝亦带侠气，刘家罕有出其右者。顺治元年（1644），清军入关，山东地区匪乱，土匪头子李德斋想胁迫刘通一起造反，被拒绝后竟然恼羞成怒，将刘通杀害。而刘桢在战乱中右背也受了伤，但是他一直守护着爷爷刘通的尸体直到半夜，然后用破败的棉絮将其包裹，粗略埋葬。后来刘必显决定举家南迁避难，刘桢偷偷买来棺木和寿衣，趁着半夜土匪熟睡，为祖父穿上寿衣、放入棺材，独自一人疾行到大宋岭为其安葬。刘桢这种在匪乱之中依旧镇定、不顾自身危险妥善安置祖父尸骨之举，即使放眼整个历史也称得上非同寻常之举。

在刘家我们极易找到这方面的例子，刘果、刘棨对父亲刘必显和继母孙氏，刘墉对继母颜氏以及刘镮之对祖母颜氏都是极尽孝道。刘果是大孝之人，崇祯十五年（1642），满汉交战，土匪趁机劫掠，刘必显被胁迫，16岁的刘果拉起弓箭"叱声引满"，使贼"应弦倒"。纵然是刘果天生神力，也不能忽视他为了营救父亲而迸发出的勇猛气概和超常能量。刘必显举家避难金陵时,同乡郑瑜恰好担任御史巡视京营,看到刘果的英武之气之后很是惊讶,想让他从军,但刘必显以读书为要,并未同意,刘果也遵从父亲的意愿并未忤逆,从金陵返回家乡后发愤读书,终于考中举人,四年后又考中进士,踏入仕途。平时我们经常说,要用实际行动回报父母恩情,刘果可以说极好地达成了父亲的期望,这才是最好的尽孝。

刘果不仅对父亲至孝,对母亲乃至继母也极为孝顺,他在江南提学道赴任前特地为父母邀恩,并将凤冠霞帔亲手呈奉给继母孙氏;孙氏去世后,刘果立即回籍奔丧、丁忧守制,临行前,还专门请名重一时的文学名家戴名世为孙氏撰写了一篇情真意切的墓志铭,戴名世感念其母子情深,发出"万世滔滔,人生几何,惟有令德,可以不磨。有高其坟,群山之阿,幽灵长存,我铭无多"的感慨。孙氏身为继母,对刘桢、刘果这两个不是由她亲生的孩子却更加照顾,胜过疼爱自己的孩子。刘果铭记在心,每每念及,都感恩流泪。假若刘果对孙氏没有发自肺腑的真情,戴名世如何能将素未谋面的孙氏写得如此贤惠温良?

颜氏是刘统勋续弦,刘墉的继母、刘镮之的祖母。颜氏晚年多随其孙刘镮之生活。刘墉对颜氏始终恭谨,他在与老家兄弟们的通信中，往往以"浙信常通，尊前康健"开头，或者直接以"浙中、京中俱安好"开头。家信中的问候之语，看似随意，却透露出他的恭谨之心。因为刘镮之担任过浙江学政，"浙中"表面上是代表镮之，但因颜氏随镮之生活，故"浙中"实际上更是代表颜氏。刘墉是借"浙中"、"浙信"等向兄弟们先通报继母安好，然后再讲述自己在京为官情况，孝心可见一斑。颜氏九十大寿，刘墉不顾自己也已年过八十，千里迢迢从北京赶往江南祝寿。刘墉对仅年长自己几岁的继母尚且如此，就更不用提对生身父母了。

晚刘墉一代的十世刘钧信也是个十分孝顺的人，县志中把他的事迹记录在"孝友"志中，说他"事继母孝"。

在我国古代社会，统治阶级想要巩固政权和维持社会道德秩序，通常采取以孝治天下的方式。在制度上，就为官员量身定做"丁忧"制度，即官员为父母丧事守制，一般是三年左右。这既是出于统治需要，也是我国传统文化彰显孝道的表现，更是为在外为官的子女提供一个尽人子之孝的机会。因此，这项制度还是蛮有人情味的。

因为"丁忧"需要离职回乡，三年时间几乎与政治生活脱轨，这难免会给之后的政治生涯增添诸多不可知的因素。所以，尽管隐瞒匿报丧事是欺君大罪，但因为丁忧会带来断送政治生涯的严重风险，历朝历代都不乏刀尖舐血以身试法的人。然而，我们所知的刘氏子弟，个个都谨守礼制，凡遇丁忧，立刻回籍，绝无匿丧之举。

刘果在江南提学道任上得知继母孙氏逝世时，放弃岁考，立刻回籍，在为母亲守制之后，又因为父亲刘必显已经年老体弱，遂决定不再出仕，"家居二十年"，陪伴父亲安度晚年。刘必显去世时，刘果也已经年近古稀，没有复出的必要了。从这个意义上来说，刘果是出于为父母尽孝而主动放弃仕途的。刘棨考中进士之后，也是因为父亲刘必显已高龄，放弃任官机会，回到家乡陪伴老父，直到刘必显去世，服丧期满，方才出仕谒选。刘棨后来担任宁羌州知州，甚得廉能之名，不久升任宁夏中路同知。但尚未成行，得到母亲杨氏去世的消息，便立即返回家乡丁忧，"居三年，服阕"之后才又任平阳知府。严格算来，刘棨中进士为康熙二十四年（1685），为了照顾父亲推迟入仕，至康熙三十四年（1695）始任湖南长沙知县，康熙四十年（1701）又开始为母亲丁忧守制三年，从时间上来看，刘棨的官宦生涯本应再增加 13 年。虽说历史不能假设，但容我们想象一下，刘棨如果在进士及第后立刻参加谒选，凭借其才干，何尝不能有更好的政治前途呢？从这个角度来说，刘棨同哥哥刘果一样，都是将为父母尽孝置于首位，而放弃了可能的仕宦良机。

言教不如身教，夯实刘家为官风气之基的刘果、刘棨带头做了榜样，其后子弟凡为官者，若遇父母之丧，没有不立刻回籍的。刘綖煜考中举人之后，因父亲刘棨年老而放弃谒选机会，一直到刘棨去世、三年服除才选授兴县知县；刘统勋也在乾隆四年（1739）返回家乡为母亲丁忧守制。刘统勋不仅自己严格守制，还对败坏风气之举深恶痛绝，他在担任刑部左侍郎时，曾弹劾御史毛之玉，揭露他在丁忧期间，借守制之名到浙江拜访官员拉拢关系、接受馈赠，使毛之玉受到"交部严加议处"的处罚，为涤清官场醒浊尽了一份力。刘墉于乾隆三十八年（1773），即担任陕西按察使的次年，回籍为父亲刘统勋丁忧，一直到乾隆四十一年二月（1776）才回到京师。

在我们有据可查的刘氏子弟丁忧状况中，除了刘果因为之后照顾父亲而放弃复出之外，其他几位在丁忧之后皆在仕途上较之前更有作为。丁忧守制既是仕宦官员对于礼制的恪守，也是传统社会中子女为父母尽孝的表现。丁忧前，刘统勋为从二品刑部左侍郎，守制两年时被特命为正二品刑部侍郎，守制期满后又被提升为从一品左都御史。刘墉在丁忧前是正三品陕西按察使，丁忧之后恩赏为从二品内阁学士。按照清廷惯例，丁忧官员起复原官，而刘墉升一级，刘统勋更是连升两级。这一方面能说明刘氏父子为官勤勉清正，深受皇帝器重，另一方面也能体现清朝统治者对按礼守制行为的鼓励与嘉赏。

刘氏子弟的这份孝心实在是千古不易之心，我们当代人理应每日省察自己是否对父母尽了孝道。

（五）兄友弟恭的昆仲情

和睦团结的家庭氛围除了儿孙对长辈的"孝"，还离不开同辈人之间的"友悌"。刘氏子弟相互之间的手足之情同样感人至深，兄弟之间互相接济，宁可自己受苦受穷也要援助兄弟的行为比比皆是。对待族人以"孝悌"、"谦谨爱人"为信条，为整个家族的敦睦相处作出了表率。

刘氏子弟中，兄弟情深与家族声望最为密切的当属刘果、刘棨两兄弟。二人同父异母，刘果比刘棨大了30岁，因此，刘果在一段时间内还"客串"过刘棨的代课老师。刘果在江南提学道任上，将识才爱才的特质发挥得淋漓尽致，期间他也公开表露出了对弟弟才华的欣赏。相应地，刘棨几乎将哥哥刘果当成行事的楷模。二人官风皆是清廉爱民，深受世人好评，还都面见过康熙皇帝并受到康熙称赞。刘棨受召见时还不忘提起多年前康熙褒扬哥哥刘果的话，向康熙乞赐祠堂匾额，康熙欣然题词"清爱堂"。这既是刘氏家族的传世荣耀，同时也为刘氏家族赢得了全国性的声望。

刘果与哥哥刘桢是同母同父的亲兄弟，刘果督学江南时，有一个苏州富商想请刘果提携自己的儿子，但知道刘果清廉刚正，不敢直接找刘果，知道刘桢、刘果兄弟间感情很好之后，便辗转找到逄戈庄，请刘桢代为向刘果说情，结果被刘桢严词拒绝。刘桢这种深明大义的行为既保全了弟弟的官声，也维护了"清节"的家族名声。

刘棨与弟弟刘棐除了在灾年轮流外出巡视、赈济灾民之外，还有一段感人的故事。李元度《国朝先正事略》中记载，刘棨要从宁羌州奔母丧，却没有返乡路费。他写信请刘棐代为变卖自己家中田地。刘棐接到信之后，百感交集，对别人说，"哥哥的地都已经被变卖了大部分了（在宁羌州替百姓偿还逋税时卖的），剩下的都很贫瘠，能卖几个钱？我实在不能袖手旁观了。"但是刘棐也没有那么多现银，便毅然要将自己田地中肥腴的部分变卖。只是，刘家已经是当地的大家族，刘棐出售的土地竟然没有人能接手。为了筹钱，刘棐特地赶到在浙江做官的亲戚那里，费尽口舌才把地卖掉，凑够了给哥哥刘棨回家的路费。

刘必显的四个儿子，桢、果、棨、棐，虽然仕途各异、人生境况不尽相同，但是他们的相知相亲、相互援助给"手足之情"作出了最好的诠释，这也成为他们留给子孙后代的宝贵精神财富。

刘氏子弟为官者众多，清廉严峻、节俭朴素的作风常常使他们家徒四壁，没有路费回家的不在少数。这时候，兄弟之间互相接济，就显得尤为可贵。刘绪煊的大儿子刘壪，在县令任上被弹劾，自己却拿不出那么多赎金，他的弟弟刘壤便把自己的田地卖了三百亩，为哥哥赎罪。刘钧信是刘果三儿子刘纶炳的长子刘埰的五儿子，与刘镮之同辈，他极为看重家庭感情，对待兄弟极尽关爱。兄弟原本已经分家，在他坚持下又重新聚合居住。他的哥哥刘恕打算援例为官，刘钧信就把自己的田地卖了一百多亩资助他。这导致他自己的生活十分贫困，只能到在砀山担任县令的叔叔那里担任"管书记"，以养家糊口。更让人感动的是，他曾说："人生有几，兄弟难再，惟愿力尽而同死，不欲踽踽以独生。"而他的一生几乎就是对这一信条的忠实演绎。

刘氏子弟诗书传家，乐善好施，在乡民间有着良好的声望，譬如刘棨虽然官居四川布政使，但与乡邻关系十分融洽，"遇人温厚善下，乡人皆称之"。他的儿子刘维焯不仅"崇节俭修，敦睦乡里"，还设置"丰余仓"缓解灾年粮食问题。他的侄子刘继�在村里设置义塾为贫困子弟提供就学机会，实实在在地为宗族造福。更有刘氏子弟，虽不居官位或者官卑位低，但因以孝悌治家修身，而在族中享有崇高的声望，譬如刘溥"训宗族以孝弟（通"悌"），有不率者，纠族众共惩治之"，即以孝悌为信条教导族人，若有人违背，则纠合全体族人共同惩罚之。他的外甥、进士臧梦元曾经对别人说："余持身廪廪，不敢忘舅氏也。"其他族人想必也是同样的感受，因为尊敬刘溥为人，所以以其教导为规范，谨严遵守，共同营造了和谐敦睦的宗族之风。在他有生之年，族内没有发生过互相纠劾、诉诸官司的事情。再譬如刘烺，以"谦谨爱人"成为乡亲百姓的楷模，本乡的人，如果相互间发生了争执，事后都会觉得很羞愧，在私底下说没脸见刘翁了。

刘氏家族枝叶繁茂，但总有家庭出于各种原因而没有子嗣，因此同族兄弟过继子嗣的情况便实属平常。据粗略统计，七世至十二世总计出嗣共 46 人次。即使在刘氏庞大的家族群体中，这个数字也不算小了。出嗣一事，在一定程度上还能促进兄弟感情。譬如刘墱将刘锡朋过继给了刘墉，以其为纽带，两个家庭的联系自然就比其他兄弟紧密。刘墉在家信中提及"月岩未来"，月岩即指刘墱，大概是两人商量见面却未及时得见，刘墉还特意告知其他兄弟。

出嗣之后，受嗣家庭理所应当对孩子尽父母之责，但刘氏家族还有很多虽没有父子之名却有父子之实的事例。刘墉堂叔刘绪煊原为刘棐次子，后过继给刘香。他在亲哥哥刘继燏、亲弟弟刘缵煌过早去世后，担负起抚养、教育他们子女的重任，视兄弟之子若亲生骨肉。刘墉对弟弟刘堪以及侄子刘镮之的照顾也十分周全。刘墉曾在家信中写道："广如虚弱之至，稍不忌口，即便腹泻，正须耐性治之。"广如，即刘墉胞弟刘堪，从中可知，刘堪此时已经身患重病，极为虚弱，而刘墉将其带在身边，以便随时照顾，可见他对弟弟用心之深。但是，尽管有刘墉的悉心照料，刘堪还是英年早逝了，留下了年仅三岁的刘镮之。刘墉把刘镮之抚养成才，两人名义上是叔侄，实际上却情同父子，刘墉真正做到了周兴嗣《千字文》中所倡导的家族敦睦之风的"犹子（侄子）比儿"。刘墉的家信中最常向弟兄们提及的就是刘镮之的情况。刘镮之也没有辜负刘墉的栽培，最终成为主掌院部的一品大员，谥号"文恭"，成为刘家三公之一。

刘墉是同辈中人官职最高者，在外为官数十载，但是他与老家兄弟们始终保持书信诗文往来，《东武诗存》中保留了若干刘墉与兄弟之间的诗歌，如刘臻有《次澹园弟自京中留别石庵十一兄江字十二韵即赠澹园弟》、《再次前韵寄石庵兄》，刘壿有《十一兄得讲官喜赠》等。流传于世的刘墉给弟兄们的家信，更给我们提供了很多他们交往的细节。

刘墉在信中与兄弟们几乎无话不谈,大者如汇报自己健康、任职、所受圣恩和其他子弟在外任官情况、接济乡下兄弟生活、托送礼品,小者如给兄弟们奉上四十个藏核桃、让兄弟替自己算命测字等,其语气轻松诙谐,不乏"京中石菴如常,饕馋日甚,是其过耳"这种自我调侃之语。感受着信中流露出的喜悦、亲切乃至惆怅之情,我们看到的不是清峻严肃的文清公,而是与兄弟们闲话家常的寻常老翁。刘墉与老家兄弟的家信中,写给刘墫、刘塎的最多。刘墫是刘棐长子刘继燫的第五子,刘墉尊称其为"五哥"。他是亥辈中除了刘墉之外最有祖风的一位,他与刘墉又都喜好诗、书、画,在京城还有十八年朝夕相处的特殊感情,故而刘墉对刘墫既敬重又亲近。两人书画来往频繁,诗歌唱和亦多。刘墉曾在家信中题写"取次春风至,侵寻鸿雁来,对床犹未得,尺素且频开"的小诗表达自己不能与五哥同床彻夜长谈的遗憾。收录在《刘文清公遗集》中的《用韵奉柬松崦五兄》又有"与兄相见乡园日,伯仲言欢意独真"、"婚宦年华或挈阔,对床风雨漫怀人"、"共说勤修堪入道,默思宿业或同伦"、"天涯萍泛难谋面,书信稀传梦未真"等句。二者恰好互相应和。

刘墫去世之后,刘塎成为刘墉最知心的兄弟,刘墉曾在家信中感叹"淡园走,石庵闷矣"。刘塎,号淡园,是刘墉十叔刘经焘的独子，在兄弟大排行中排第26位。他颇能悟解老庄，书法源自褚遂良，温润秀雅、形神俱得，且善诗。两人十分投缘，首先表现在诗歌创作上。刘墉十分喜爱刘塄之诗，常在家信中索要其诗稿看，自己偶得佳句也会顺便录出，指名要淡园评点，在《刘文清公遗集》中，二人唱和之诗多达二十余首，刘喜海搜集刘墉遗诗时，刘塄处是主要出处之一。刘墉在一封家信中曾提到，廿八弟提议为其廿六兄"谋一恒产"，刘墉热烈响应，拿出二百两银子，连连督促廿八弟会同办理。而在此前的一封家信中，他提到大雨损坏了自己的住宅，修葺所需一千二三百两银子，他竟无力措置，发出了"非不为也，实力不足也"的无奈感叹。此次竟然拿得出二百两银子，大概是把刘塄的房子看得比自家的房子还重要呢。

维系庞大家族的和睦团结需要每一个刘氏子弟的共同努力。我们看到了刘桢对祖父尸柩的舍命保护、刘果等侍继母如生母以及众多仕宦子弟对丁忧守制的严格遵守。维系兄弟情谊的方式也并不单一，有刘棨、刘果在仕宦征途上的仿效、照应，有刘棨、刘棐的患难相助，家族奠基时期的兄弟情深实际上给后代作出了良好的榜样。刘氏后辈子孙不乏携手共进者，譬如刘棨十个儿子有八个中举，其中又有三个中进士，除了刘统勋官至一品、刘纯炜官至从二品之外，其他

刘埏诗集书影

人也多在宦海沉浮，无论是备考科举，还是宦途进退，同胞兄弟都是最亲密的伙伴和最真诚的支持者。刘氏也不乏"谦谨爱人"的尊长，譬如刘棨、刘烺、刘溥，他们以身作则，成为宗族敦睦的精神核心。有刘钧信这样用自己一生去实践"人生有几，兄弟难再，惟愿力尽而同死，不欲踽踽以独生"的悲壮，也有刘墉与兄弟们闲话家常的亲切。敬对父母亲长为孝，善对兄弟手足为悌，刘氏子弟用实际行动阐释着"孝"、"悌"的意义，言传身教中，这已然成为家族和谐敦睦的根本之法。

（六）一群成功男人背后的女人们

我们现在总是说，每一个成功男人的背后都站着一个伟大的女人。放在古代，我们可以说，每一个成功的家族，背后都一定有一群女人在支持着。传统社会要求女性"大门不出、二门不入"，女性的价值主要就体现在家庭之中，所谓"贤内助"、"男主外、女主内"等观念甚至影响到今日。

"男尊女卑"的观点在封建社会深入人心，女性被要求遵循"三从四德"。不过，在家庭生活中，女性作为母亲的地位却是至高无上的，这在历朝历代都不曾改变过，母亲对于维持家族内部的伦理秩序起着莫大的作用。而母爱与父爱不同，她更容易亲近子女，进而更容易被子女接受、模仿。一个好的母亲，会对家族上下几代人都产生深刻的影响。

刘氏家族的辉煌离不开女眷们的支持。她们以母亲、妻子的形象隐于幕后，相夫教子，为家族的发展默默奉献着。很遗憾，我们没有找到过多关于刘氏家族女性的资料。原因大家也能理解，因为在封建社会，女子基本不入父家族谱，而嫁入夫家之后，亦只是以"某氏"的形式被一笔带过。不过即便如此，我们依旧可以从零星的字句中窥知生活在这个盛极一时的大家族中的女性形象。

出现在我们视野中的第一位刘家女性是刘必显的原配郑氏。刘必显生活的时代恰是明末清初改朝换代之际，时局风云变幻。明崇祯十五年（1642），山东地区兵乱迭起，刘家亦难逃此劫，举家南迁避难。据《山东通志》记载，刘必显的妻子郑氏"崇祯壬午遇兵难，自缢于胶州孝苑村"。寥寥数语，我们不可得其详，但是自宋代朱熹大力提倡妇女守节之后，明清女性能入史书者，基本都是为此。刘必显之妻郑氏在躲避战乱中，或遭遇兵匪侮辱以死抵抗，或为了保证不受辱以死明志，都是有可能的。这说明，郑氏是一位遵从主流意识形态的女子，其性格刚烈，宁为节亡，不肯苟活。这

种刚烈的性格，对她的子孙未必没有影响，例如其长子刘桢在遭遇兵匪的情况下，深夜独自为祖父安葬。这种刚烈的性子，颇有母亲的风范。

第二位就是刘必显的续弦孙氏，也就是刘果的继母。如前所述，刘果在孙氏去世之后请戴名世写了一篇《孙宜人墓志铭》，感人至深，将孙氏的仁慈和母爱刻画得十分生动。在刘家的家教模式中，孙氏的"慈母"形象十分典型，已经在前面"以孙宜人为代表的慈母"一节中详细讲过。简要来说，就是为孩子挡鞭子，用慈爱的方式鼓励他们上进以考取功名，对奴婢仆人也施加恩德。孙氏以和睦持家，将这么一个大家族管理得上下和睦。刘桢、刘果是郑氏所生，刘棨、刘棐是刘必显的侧室杨氏所生，但都是由孙氏带大的。对这四个孩子的教育责任实际上都落在孙氏的肩头。而孙氏对子女的教育无疑也是极为成功的，对形成敦睦团结、奋发进取的家风功不可没。刘果、刘桢每次想到孙氏亲生子女早夭后孙氏的痛不欲生便感同身受，刘果升任江南提学道特地为继母邀恩请封，孙氏去世之后刘果特地请戴名世撰写墓志铭……从这些可知孙氏对子孙影响之深，也可感受到子孙对她无比深厚的尊敬爱戴之情。

第三位值得一提的刘氏女眷是刘统勋的续弦颜氏。颜氏一生事迹不多见于史迹，但她以95岁的高寿见证了刘氏

家族仕宦顶峰的三代子弟。她是东阁大学士、首辅军机大臣、文正公刘统勋的妻子，是体仁阁大学士、文清公刘墉的继母，是文恭公刘镮之的祖母。乾隆五十九年（1794），乾隆皇帝为颜氏八十大寿御赐"令寿延祺"匾额。嘉庆九年（1804），颜氏九十大寿时，刘镮之正在江苏学政任上，已将祖母颜氏迎接在其江阴学署，嘉庆皇帝特地御赐"萱辉颐祉"匾额悬挂在江阴学使官署的"燕喜堂"上，且御赐寿宴庆典，恩准刘墉前往拜寿。因为皇帝御赐，又因为刘统勋、刘墉、刘镮之的显赫身份，颜氏的九十大寿不仅在江阴学署汇集了大批前来恭贺的江南名士，朝野的刘氏臣僚亲友更是纷纷献词贺寿。颜氏一生荣华，丈夫、儿子、孙子皆为宰相之才，荣耀遍及全国。

史书上并没有颜氏育子持家的具体案例，但是，我们可以推论：第一，高寿之人往往心胸豁达，颜氏一定不是小肚鸡肠、争风吃醋之人；第二，女性在家庭教育中具有举足轻重的作用，刘墉、刘镮之的成长，生活简朴等作风的形成，会受到颜氏影响；第三，兄弟和睦，家族团结，类似的孝悌之道，颜氏作为母亲也一定言传身教。仅由这些，我们也可以推知颜氏之贤。

刘墉身边的女性，最为知名的是他的三位"贤内助"。刘墉的书法用笔独特，很多人向他学习过书法，还力争模仿他。但在时人眼中，模仿刘墉比较成功的如陈希祖的行楷，也只能算得上"不触不背"，而被认为是著名诗人兼书法家的王苣孙，竟然只是如"婢学夫人"！难怪刘墉自己极为得意地说："吾书不可伪也。"但世上确实有人能模仿刘墉的字，即被他引为知己的瑛梦禅和他自己的三位如夫人。震钧曾经看到过刘墉与她们讨论书法的家信，其中指陈笔法，十分详细。三位如夫人中最出名的一位，人称"四姐"，即黄春晓。刘墉晚年的许多书法，就是出自黄夫人之手，几乎能达到以假乱真的水平。包世臣说刘墉有十本册页由黄夫人代笔，后面都有刘墉的批语，令人叫绝。

有记载贤德女子还有刘埙的侧室孙氏，生有一子叫刘钜璐，孩子七岁的时候丈夫刘埙就去世了。乾隆五十一年（1786）闹饥荒，她把女红所得的积蓄全部用来接济穷人，还收养了数十个小女孩，抚养她们长大，为她们选良善人家出嫁。

另外，刘组焕的侧室谢氏也值得一提。她是个女秀才，"通经史，工书算"，十分有才华。刘组焕去世之后，教儿子刘𬭊读书，都能口授。

刘氏家族显赫一时，对子弟婚姻的标准也就制订得很高。刘家的女子很多系出名门，接受过良好的教育，知书达理、通识大体、心胸豁达，同时也具备一定的文化素养。她们能为子女创造良好的家庭环境，培养读书氛围，甚至还能身兼代课老师。刘氏家族的女性终生都以辅佐夫君、教导子女、维持家族和睦为己任。刘氏家族开枝散叶，子弟们登堂拜相，一半的功劳得归于这一批默默居于夫君、儿孙身后的女性们。

五、识才爱才刘家人

（一）刘果识拔戴名世

刘果是刘氏家族史上第一位担任学职的官员，他在江南提学道佥事任上成就赫然，凭借识才爱才的风范开创了刘氏家族在这一方面的家风。

当时，刘果被人评为"夙负人伦鉴"，对鉴别人才有极高的眼力，受到广泛好评。康熙时著名文人徐元文还作诗描述过刘果："刘君奋才杰，高自标门墙。所过列巾卷，训饬故百方。"诗中讲刘果奋力标举才杰之士，对自己的门人高自标置，义无反顾。为了培养人才，可谓不遗余力。而刘果的善举，获得了士子们的真诚拥戴。

刘果和戴名世之间的遇合就是最为典型的例子。

戴名世生在顺治十年（1653），小时候家境十分贫寒。

在这么艰苦的环境中，他发愤立志，刻苦的程度非常人能够想象。据说戴名世6岁开蒙就读，11岁就能熟背《四书》、《五经》，被乡里长辈公认为"秀出者"。他年未及弱冠就已经善为古文辞，20岁起开始授徒补贴家用孝敬父母，28岁以秀才入县学。

就在这时，戴名世遇到了刘果。那时他还仅仅是秀才身份，但刘果一眼就看出了他的不凡气质，对他甚为赞许。事实证明，刘果没有看走眼。

戴名世在青少年时期就放出"视治理天下为己任"的豪言壮语，又在治学上立下大志向："欲上下古今，贯穿驰骋，以成一家之言。……则于古之人或者可以无让。"这么一个才华横溢又勤奋刻苦的人，在生活中显露出来的就是一种正直磊落的气概。正因如此，他后来在京师任职的时候一直都不肯奔走于权贵之门，和方苞等友人相聚，还往往借着醉意，针砭时弊，极尽嘲讽挖苦之能事。因此，达官贵人都对他心怀芥蒂。

戴名世有志于编纂明朝历史，他很想效仿司马迁《史记》的形式来写明史。因为明末清初的大动乱，史料散逸颇多，于是，戴名世克服重重困难，广游燕赵、齐鲁、河洛并江苏、浙江、福建等地，访问故老，考证野史，搜求前朝逸事，不遗余力。一时之间，文名播于天下。

康熙四十一年（1702），戴名世的弟子尤云鹗把老师百余篇古文刊印了出来，由于戴名世居南山冈，就命名为《南山集偶抄》，简称《南山集》。此书一问世就风行江南各省，发行量巨大。正是由于这本书，戴名世奠定了自己在历史上的地位，终于能够"成一家之言"，影响了安徽桐城以方苞为首的一批文人，从而成为桐城派的先驱。

这样一位以文章傲视天下的一代大才子，对刘果的知遇之恩始终铭记于心。那时候，刘果还赏识一个人，叫朱字绿，也是后来桐城派的开创者之一。戴名世和朱字绿的相遇也非常有趣。戴名世在《送朱字绿序》里面细致入微地给我们讲述了这段故事。

戴名世说他乘船去金陵的时候，船在中途停靠，他跟舟子说话聊天。有两个书生站在江边，听到他说话，觉得有桐城口音，就过来问是不是桐城人。戴名世说是。一个书生就问，桐城有个秀才叫戴名世，你认得吗？戴名世反问你哪里人，却认得戴秀才。那书生说他是宿松人，向来听闻戴秀才大名。戴名世一听就问，你既然是宿松人，认识那里的朱字绿吗？那人说我就是，戴名世也承认了自己的身份。结果两人相视一笑，到舟中坐谈，大喜过望。他们两人都受刘果的赏识和提拔。戴名世说，他在刘果那儿好多次都听说朱字绿的大名，四五年了，一直遗憾无缘见到朱字绿。他还对朱字绿说刘果喜爱有才学的士子，时时惦记他们，而对朱字绿尤其笃念。朱字绿一听，就感叹流涕了。

而在戴名世写给刘果的书信《上刘木斋先生书》当中，戴对刘知遇之恩的感激更是表达得极为感人。戴名世在信中说自己生长于山林岩石之间，独立无与，文字不被世俗接受。先生来督学之后，不嫌鄙陋，从众人中提拔出来，期许备至。戴名世接着说出了发自肺腑的一段话：

> 夫古之君子得一士也，终身不忘于心。其未得也，穷搜远索，孜孜而若有失；其既得也，长养而教育之，惟恐其无成。夫其所以爱惜人才至于如此者，非以冀士之被其德而私感之也，而士之困于尘埃之中不能自振，一旦有提挈以起而指示以途者，亦岂能一日而忘于心哉。今先生之所以赐于名世者可谓至矣，名世之文先生识之，名世之名先生振之，而先生既去，每遇吾县士大夫，辄惓惓问名世不置，此以知先生之于名世盖无日而忘于心，每端居深念，未尝不感叹而欲泣也。

人非草木，孰能无情！刘果栽培学生的拳拳之心和戴名世对恩师的感激之情，足可以深深地打动我们。

诸城刘氏后世子孙如刘统勋屡掌文衡，得才为盛，刘墉得英和、曹振镛、潘世恩、焦循等，刘镮之所举荐之唐鉴等，均堪称当时一流才俊。诸城刘氏家族内所形成的这种识才爱才的风气，应该正是源自刘果无疑。

（二）刘统勋识才荐才故事多

刘统勋在文治方面的贡献无疑是非常突出的。他曾作为正考官四典乡试、四典会试，拔取的士子数以千百计，其中不乏后来的能员大吏和文坛领袖，譬如嵇璜、梁诗正、蒋溥、王杰、孙士毅、沈初、董诰、费淳、朱珪等，要么是军机大臣，要么是大学士，要么就是军机大臣和大学士"双料"人才。还有清代学术、艺术一流的如纪昀、彭元瑞、蒋士铨、曹锡宝、赵翼、姚鼐、李文藻、钱沣、周永年、邵晋涵、程晋芳等。刘统勋甚至还在武举中发现了一个重要人才，颜鸣皋。

四库全书馆成立之初，他又担任正总裁，举荐了众多杰出人才入馆编修。因为他严防奔竞，投机取巧之徒望而生畏，与他保持交游的都是有真才实学的人。在后来位极人臣的门生中，朱珪和纪昀与刘统勋的交往很值得一讲。据清昭梿《啸亭杂录》记载，乾隆十一年（1746）的顺天乡试中，刘统勋担任正考官，与阿桂一同主持考试。刘统勋原本打算拟朱珪为第一，后来看到纪昀的卷子，遂改定纪昀第一、朱珪第六。刘统勋对两人的才学十分赞赏，曾在朝堂之上夸他们学问渊博，并向上举荐。

因纪昀与刘家交游的故事会在后文着重讲述，此处暂且将他按下不表，着重说说朱珪。

话说朱珪在考中举人之后，就去拜谒刘统勋。刘统勋深喜其才，第二天又请他到刘府做客，并让他与儿子刘墉一起用墙壁上的《狻猊噬虎图》按苏东坡石鼓诗韵题诗。诗成，刘统勋读到"东龙西龙斗赤日，白髯老蛟碎玉斗"一联后对朱珪更为惊异，称赞他"诗文已成家，留心经济，必成伟人"。而朱珪也不负恩师重望，最终官拜大学士，并被自己的学生——嘉庆皇帝钦赐人臣最高的谥号"文正"，这是终清一代只有八人拥有的殊遇，"朱文正"乃"刘文正"座下得意门生，实为千古美谈。

朱珪十分尊敬刘统勋，终身执弟子礼。刘统勋去世之后，朱珪作有长文以示悼念。他在悼文中对刘统勋一生业绩给予了高度评价，谓其"正色立朝，一心格主，天下倚之为泰山，天子腜之为心膂"。他回忆起刘统勋不肯接受别人的被子御寒，时时处处廉洁自持，他还回忆起自己初为监司时，刘统勋对自己的教诲。朱珪以之为"大儒之规"，铭记终身。悼文最后，朱珪再次表达对刘统勋为人处世的崇敬："公有李文靖王文正之清刚，而躬逢尧舜，协于明良，无门户城府之私，而士气遂有惇大正直之德，而元气昌。"痛失良师，朱珪悲伤不已，唯愿自己不辱门墙。通篇悼文，言辞精炼却饱含深情，这是朱珪对座师最真挚的怀念。

人才固然重要，但人才多有己见，个性独立而不会轻易随人俯仰。尤其狷介耿直之士，其性情不近常人，不是一般人所能接受。但刘统勋向来拥有名相气度，对于狷介耿直之士，也能包容理解，因此，士子都乐于为他所用。

比如朱珪的哥哥，一代名士朱筠，就是个很典型的耿直之士。他信奉理学，修身立世，原则性很强，根本不受权势的羁勒。

被尊为桐城派集大成者的姚鼐是朱筠的好友，曾写过一篇《朱竹君先生传》，里面讲到这样一则故事：刘统勋去世之后，于敏中接班担任四库全书馆总裁，特别看重朱筠。但朱筠却不去拜谒他，还经常因为馆中事务跟他理论，于敏中心中就极为不爽。有一天乾隆召见于敏中，谈到朱筠，乾隆赞赏他学问文章极为过人，于敏中只好沉默不语。因为他本来是准备中伤朱筠的，幸亏有乾隆的赏识罩着，不然朱筠可能就危险了。

刘统勋跟于敏中都是大学士，同样是军机大臣，但在遇到朱筠那种狷介行为时，处理方式就决然不同。从中我们就能体会到刘统勋过人的雅量。

刘统勋很早就发现了朱筠博览群书，极有才华，于是就请他到家里编修《盛京志》。有过这么一段渊源，而且后来弟弟朱珪又成为刘统勋的得意门生，照理说，朱筠应该更频繁地出入刘府联络感情才对。但事实是，刘统勋当上大学士之后，朱筠一次都没有上门拜访过。刘统勋也很好奇，有一次上朝碰见朱筠，就问他怎么回事。结果朱筠说："非公事，不敢谒贵人。"刘统勋一听就理解了，"叹息称善"。以俗人的眼光来看，一般人都会认为朱筠不识抬举，但刘统勋却不然，他知道朱筠以气节自重，以奔竞为耻，不趋炎附势，包括对自己和弟弟有过情谊的"贵人"。因此，刘统勋对朱筠不但不怪罪，反而还要夸奖他。同样一个朱筠，同样重气节、耻奔竞的做法，在刘统勋这里被"叹息称善"，而在于敏中那里却险被暗算。两相一比较，就能看出刘统勋心底无私天地宽，不仅能以博大胸怀包容如朱筠这样的狷介耿直之士，而且还带着欣赏的眼光去看待他们。

被尊为桐城派集大成者的姚鼐，也把刘统勋引为生平知己。姚鼐在四库馆臣中，地位最尴尬。但也正因其特殊性，又最能体现刘统勋的包容性。姚鼐曾与刘统勋共事，在刘统勋担任总裁的乾隆三十六年（1771）会试中，充会试同考官。

姚鼐的文名与才学，刘统勋肯定早有耳闻，所以，四库馆开时，刘统勋与朱筠都曾推荐姚鼐入馆。但姚鼐尊奉程朱理学，与馆内注重汉学的绝大多数士子的学术观点存在严重分歧。他跟纪昀两人谁也不服谁，矛盾公开激化。汉学大师戴震也常跟姚鼐起争执。刘统勋虽也服膺宋学，但并不排斥汉学，反而举荐了大批汉学人士入馆。有刘统勋坐镇的时候，凭他的威望清誉以及包容之心，汉宋两派尚能协调共处，尤其是姚鼐从他那里获得了很大支持。但刘统勋离世后，汉宋矛盾日趋激化，姚鼐愈加势孤力单。因此，即便刘统勋已经将其列入升迁为御史的名单，即便有接替刘统勋的于敏中的挽留，姚鼐依旧乞归。大学士梁国治后来想请姚鼐出山，也被他婉拒。可见，刘统勋的在否是姚鼐在决定去留的唯一因素。姚鼐对刘统勋十分尊敬，他作有《题坳堂所藏诸城刘文正公手迹》诗，高度赞扬刘统勋"独立清修动主知，喟然耆艾在彤墀"，既是对刘统勋书法的赞扬，实际也是对刘统勋为人为官的赞扬；"寸缣中有平生感，曾共山公把酒卮"，是对曾经与刘统勋把酒共话表示深切的怀念，读来仿佛能感知到姚鼐对刘统勋知己难求的感慨。

刘统勋慧眼识才，不仅能赏识文人，还能鉴别武将。对军事人才的举荐，也是他对乾隆朝的贡献之一。刘统勋曾充任过一次武会试副总裁、一次武乡试正考官。他在武举中发现的人才颜鸣皋被人视为名将羊祜之俦，后来官至总兵，当上福建水师提督，是清朝三大水师提督之一，官衔为从一品。而在大小金川之役，刘统勋几句话就坚定了乾隆打下去的信念，并且力荐阿桂，终于保证了战事的成功。

当时的人讲，刘统勋刚正不阿，在朝野两端都享有极高的威望，但凡经过他嘉许的人，哪怕只表扬了一个字，立刻就会荣耀一时。

刘统勋所呵护、举荐的人才实在是举不胜举，信手枚举就有阿桂、王杰、董诰、朱珪、沈初、孙士毅、纪昀、曹竹虚、姚鼐、彭元瑞、赵翼、翁方纲、陆锡熊、邵晋涵、周永年等，均可称为一代人杰。阿桂领班大学士、首席军机大臣，可称乾隆后期朝臣第一，无论武功、相业、刑名足以彪炳史册。王杰、董诰，均为大学士、军机大臣，其能力为世人所公认。孙士毅，大学士、军机大臣，文武全才，战功显赫。沈初，一代名臣。曹竹虚，官至尚书，从一品大员。纪昀、姚鼐、彭元瑞均为一代文宗。陆锡熊、翁方纲、邵晋涵、周永年均为一代大学者。赵翼既为一代大诗人，又是一代大史学家。

刘统勋将刘氏家族识才爱才的风气最大限度地弘扬了出来，在这一方面，他也是家族史上最可称道的人物。他所举荐的人才有许多后来都成为儿子刘墉的好友，其中，最典型的莫过于纪昀。

(三) 当纪晓岚遇上刘家

在银幕上，铁齿铜牙纪晓岚与宰相刘罗锅有着深厚的"战友"情谊，他们都用自己的机智幽默来跟和珅斗法。导演编剧这么拍，是有现实历史根据的。纪晓岚跟刘家确实有过一段温暖的故事。

纪昀，字晓岚，一字春帆，晚号石云，道号观弈道人。他生于清雍正二年（1724），比刘墉小四岁多一点。他于乾隆十九年（1754）考中进士，与朱珪同年中举，皆出自刘统勋门下。纪昀官拜从一品协办大学士，亦曾担任过兵部、礼部尚书等从一品大员，但他的政名常为文名所掩，后人提起他，最推崇的莫过于他总纂的《四库全书》以及短篇志怪小说集《阅微草堂笔记》。但若没有刘统勋，纪昀不一定就能达到这样的高度。刘统勋是纪昀生命中的重要人物，不仅仅是指两人有师生名分。在事关纪昀仕途乃至命运的最重要的两件大事中，刘统勋都几乎是那个定鼎之人。

乾隆三十三年（1768），两淮盐引案发，刘统勋负责查办，结果发现给前两淮盐运使卢见曾通风报信的人正是卢见曾的亲家纪昀（纪昀长女嫁给了卢见曾的孙子卢荫文）。刘统勋秉公办案，不徇私情，照实奏报，卢见曾被判秋后问斩，刚授翰林院侍读学士不久的纪昀获罪革职，发配新疆。纪昀跌落到了人生的最低谷。

纪昀命运的真正转折发生在乾隆三十八年（1773）。那时，乾隆诏令开设《四库全书》馆，并下令选拔翰林院官专司纂辑。刘统勋举荐纪昀担任纂修官，后来又保举他和陆锡熊为总办。担任总纂官后，纪昀竭尽心力，主持《总目》分类和校勘，主纂总叙、类叙和案语，安排排列顺序，修改题要稿件，并撰写了《四库全书简明目录》计二十卷。纪昀本人的官职也一路扶摇直上，到乾隆四十七年（1782）第一份《四库全书》写成，短短九年时间，他已经由从六品翰林院编修调任到正二品兵部右侍郎。之后，他更是平步青云，最终拜官从一品协办大学士。可见，纪昀后半生的飞黄腾达，与他担任并无品级，却可执文坛牛耳的《四库全书》总纂官密不可分，而这个职务，正是得自于刘统勋的推荐!

刘统勋在推荐纪昀担任总纂官之后十个月就去世了。他对待纪昀公正没有偏颇，先是铁面无私地将这位门下高徒以泄密罪论处、发配新疆，将其打入仕途最低谷，之后又内举不避亲地推荐他成为《四库全书》总纂官，为他展示人生的辉煌提供了最好的平台。

　　而纪昀这边，即使被刘统勋治罪法办，也未见半分不敬，反而始终敬仰刘统勋。他曾将刘统勋对自己的训诫写入友人的墓志铭："士大夫必有毅然任事之心，而后可集事；必无所牵就附合，而后能毅然任事；又必一尘不染，一念不私，而后能无所牵就附合。至于仕宦升沉，则有数焉，君子弗论也。"这段经典的话用来自勉亦他勉。刘统勋去世之后，纪昀悲痛不已，写下了"岱色苍茫众山小，天容惨淡大星沉"的挽联，举国上下，此挽联，也只有名相刘统勋一人能受用得起。纪昀作为一个文人雅士，喜欢与一众好友交流书画笔砚。他藏有刘统勋相赠的砚台，还时常触景生情怀念恩师。在《刘文正公旧砚》中，他写道："砚材何用米颠评，片石流传授受明。此是乾隆辛卯岁，醉翁亲付老门生。"在《为伊墨卿题刘文正公墨迹》中，他又有诗句说"功业留青史，宁因翰墨传"、"白头门下士，感慨意难胜"。无论是前一首自称"老门生"，还是后一首自称"白头门下士"，执弟子礼的谦恭都一览无余。

　　纪昀跟刘统勋是师生之谊，而跟刘墉则是平辈相交，两人从相识到相继离世，相交竟长达 57 年！纪昀曾说："石庵（即刘墉，石庵是他的号）今岁八十四，余今岁亦八十，相交之久，无如我二人者。"这两人之所以能维系长达半个多世纪的友谊，原因有很多，譬如他们同样诙谐幽默又刚毅正直的性格，但最重要的是两人志趣相投。

首先，刘墉与纪昀书、文互补。刘墉以书法雄视有清一代，而纪昀也以文学享誉天下。据后辈英和说，"文达凡自制联语，皆求文清书……"文达是纪昀的谥号。从英和的话中，我们可以知道，纪昀每每拟好对联等文字，都要去求刘墉书写。刘墉本人对自己的书法相当自负，但却十分推崇纪昀之文，乐意与之合作。他还曾主动找纪昀合作碑面。纪昀在"都察院左都御史杏浦李公合葬墓志铭"中曾难掩自己的得意之情："甲寅六月……而乞刘公石庵书志铭，刘公谓必余撰文乃亲书，因以文属余。余文何足当石庵书？石庵又何取乎书余文？"有人求刘墉书写墓志铭，刘墉说必须让纪昀写铭文，他才肯亲自书写。纪昀对此颇有感慨。这种纪昀撰文而刘墉书写的碑面，两人合作过不止一次。各自领域的泰斗能结下这般互相赏识的情谊，令我们十分向往。

其次，两人都有藏砚之好，互相赠换、鉴赏、品评砚台的事例不在少数。正如纪昀所说："余与石庵皆好蓄砚，每互相赠送，亦相互攘夺，虽至爱不能割，然彼此均恬不意也。"互相赠送乃至于互相抢夺，但彼此之间都乐在其中，不是至交，怎么做得到？乾隆五十七年（1792），刘墉在纪昀担任左都御史后，将自己所藏而深为纪昀喜爱的黻文砚赠送给他，题铭中有"石理缜密石骨刚，赠都御史写奏章，此翁此砚真相当"之语。纪昀领悟老友心意，也在砚上刻铭自励："坚则坚，然不顽。"纪昀的好友蒋师籝、桂馥铭、尹秉绶等也先后题名，使这方黻文砚身价倍增。刘墉另外赠与纪昀的砚台至少还有三块，一是雍正年间大觉寺主持迦陵性音的一款砚台，一是一方刻有"鹤山"的宋砚，一是唐子西的一方砚台。

另外，两人都颇好参禅读经。英和曾记录下他们数次谈佛论道的问答。纪昀曾说："我则冥然罔觉，悍然不顾。"刘墉对曰："先生抉择释典之要，炼成八字，恐先生手有芒刺即知痛耳。"两人论答，风趣幽默，让人忍俊不禁。由此可见，两人不仅都深谙佛法，而且对对方的佛法造诣也十分了解，交流颇深。

刘墉和纪昀都是廉洁刚正的人，共同周旋于和珅的巨大权势之下，心灵的沟通以及同样的政治情操，无疑又为两人增添了知音难觅的情愫。纪昀曾经称两人"论交均胶漆"，以如胶似漆来形容二人的交情，并非妄语。

当纪晓岚遇上刘家，故事太多太丰富。保留下来的史料是冷的，但我们能透过这些记录来体会当事人那种刻骨铭心的温暖。

（四）刘墉点化成的经学大师

刘墉从父亲那里继承了识才爱才的风范，虽说得才之盛，难以与父亲相比，但也没有被老爸甩开多远。刘墉"以贵公子为名翰林"，虽然身份显赫，但没有官架子，平时出行十分简朴，轿子都破破烂烂，没有帷幔。他跟父亲比起来，更像一个文人雅士，因此，他跟文人的交往就十分密切。

在刘墉督学江苏期间，与江南文人有诸多接触，其中有当时南方文坛领袖袁枚、后来的经学大师焦循、诗人书法家王芑孙。袁枚和刘墉之间曾经传说有不和，甚至一度有人说刘墉要惩治桀骜不驯的袁枚，但刘墉有一回专请袁枚作《江南恩科谢表》，这让袁枚放下了心里的石头，也平息了外头的谣言。刘墉离任时，袁枚还作对联和诗为其送别。王芑孙由于和刘墉一样喜爱书法，两人成了忘年交，经常一起探讨书法艺术。而能够最突出地展现刘墉识才爱才那一面的，应当是他和焦循之间的交往。

焦循，字理堂（一字里堂），是扬州黄珏镇人。他是个大学问家，著作等身，研究面十分广，于经学、历算、声韵、训诂等学均有研究，而最为人称道的是他在经学上的成就。他著有《孟子正义》、《易章句》、《易通释》等名著，晚年已是清朝文坛中的领袖人物。

焦循后来走上经学的道路，刘墉早年对他所说的一番话起到了很大的指路作用。

焦循比刘墉小了 44 岁，他们第一次相识，是在乾隆五十七年（1792）。那时刘墉按试扬州，焦循才 17 岁，恰好应童子试。他在卷子中写诗使用了"酝藉"这个生僻词，刘墉看了觉得很奇怪，在复试时要点名面见他。焦循一身衣着十分朴实，刘墉一见之下就感到很高兴。再问他那两字的出处，焦循回答说是《文薮·桃花赋》，并且讲解了词义。刘墉十分欣慰，又考他经学，却得知他未曾学过经。刘墉就劝他说，你不学经，将来怎么发挥作用，你就应该把学辞赋的精力花在学经上面。然后，刘墉还对负责府学的金教授说，这个孩子有点学问，他入县学读书的事就托付给你了。第二天，考生过来集体拜见刘墉。刘墉又将焦循叫到跟前叮嘱，记住了，不学经的话，生员也当不成啊。焦循接受了刘墉的劝导，从此，"乃屏他学而学经"，专攻经学了。

说起来，刘墉那么重视经学，还跟乾隆有关。早在刘墉第二次赴任江苏学政前，乾隆以"江苏学政刘墉"为题赐诗给他，诗中有这么两句："先经后子史，多行寡文言。"乾隆在这里正是谆谆告诫刘墉在学政任上首先要突出"经"的地位与教育，然后才能让莘莘学子去关注"子"、"史"一类的学习内容。从结果来看，乾隆的点拨，效果是很明显的。最有说服力的例证就是刘墉发掘出了未来的经学大师焦循。

后来，焦循曾入京参加会试，没有考中，遂不再执意科举，而专心研经，终于成为于学无所不通、于经无所不治的经学大家。但正如焦循所言"循之学经，公之教也"。恐怕刘墉自己也没有想到，他的一番鼓励和教导竟然造就了一位大师！焦循对刘墉的提点铭记终生，得知刘墉去世的消息之后，悲痛万分，"北面蒲伏而哭"，并写下了长达七百字的长赋以感念他当年对自己"首震之以性灵兮，绅纵之以典籍"的提点之恩。

对一个素不相识的少年，刘墉都能如此用心，谆谆教导，为他指明将来治学的正途，实在是难得。他已经把识才爱才的家风融入自己的日常生活当中去了，因此，一旦碰见有点学问、有点志向的年轻人，他都愿意给予建议，鼓励上进。

（五）刘文清与"玉树两株"

在传统社会中，我们能发现一个普遍的官场生态，那就是座师与门生的关系可以相伴一生。刘果与戴名世、刘统勋与众门生，他们都能将情谊持续下去，并把这份情谊当作各自生命中宝贵的财富。

刘墉也有过做门生的时候，他的座师是周煌，也是一位能文工诗善书的大才，曾任《四库全书》总阅，去世获谥"文恭"。乾隆二十一年（1756）五月，周煌奉命出使琉球，册封尚穆为琉球国中山王。出行前，刘墉还为他作送别诗《送周景垣座主奉使琉球》。

刘墉自己的一生屡次担任学政，主持考试，取才得士无数，其中也不乏栋梁之材。乾隆五十八年（1793），刘墉充任会试主考官，发榜之后，群生进谒，刘墉便称英和与潘世恩是"玉树两株"。后来，两人果然先后入阁，成为刘墉一众门生中最璀璨的两位政治明星。

这两人中，论私下交情，英和与刘墉更为亲密。

刘家与英和家族为世交。英和的祖父曾当过刘墉的老师，英和的父亲德保与刘墉关系十分融洽，刘墉有《题德文庄公夏云多奇峰赋》、《丙午湫日用九松山僧寺壁间韵二首呈定圃大宗伯》等都是与德保的和诗。晚年刘墉在京为官，时常与德保合作，譬如修建辟雍、卢沟桥，编纂《日下旧闻考》等。

在世交的基础上，英和本人也与刘墉很有缘分。英和在壬子（1792）乡试、癸丑（1793）会试，都是出自刘墉门下。刘墉对他特别垂青，也特别信任，在众多门生中唯独允许英和侍坐，有时候一坐就是一整天，甚至到夜半时分，视如"家人父子"。

刘墉还曾两次就自己的身后之事托付英和。第一次是在初见英和时，就嘱他"子他日为余作传，当云以贵公子为名翰林……"即"你将来为我写传记，记得要说我当年'以贵公子为名翰林'"。第二次是刘墉去世前几日，特意将英和喊到跟前，同他讲雍正到乾隆朝初期南书房的故事，又重申之前说的给自己写传记的话。这种托付，让我们相信二人"家人父子"的关系断非空言。

刘墉对英和十分器重，不仅让他观摩自己挥毫，直接教以用笔之道，还毫不吝啬地将自己的珍贵藏品赠给他，如赵孟頫的《二赞二图诗卷》。刘墉也时常将自己的作品赠给英和，恰如英和所言："公于和深相器异，每有笔书，辄以见畀，故家藏墨迹甚多。"刘墉去世之后十一年，英和将其家藏的刘墉墨迹精选摹勒上石，这造就了被刘墉曾侄孙刘云根先生认为远胜于《曙海楼帖》而足以匹敌《清爱堂帖》的《英刻刘文清公墨迹》。《英刻刘文清公墨迹》共四卷，第一卷是小楷，第二卷是刘墉为德保书，第三卷是刘墉为英和书，第四卷就是刘墉为英和妻介文所书，可见刘墉与英和一家关系之密切。其实刘墉不仅在书法方面给予英和指导，在其他方面也时常提点，比如砚台收藏、古文理解等。英和在《恩福堂笔记》中还记述了这样一则故事："刘文清公熟于《史》、《汉》，博通前人诗、古文、词，尤精内典，旁及说部。一日侍坐，谓余曰：'曾阅坊间小本平话否？'以无暇及此对。公笑曰：'是尚未能传衣钵'……"刘墉学识博杂，兴趣广泛，善于从"俚语琐事"中悟出"正道"，故而戏称英和不熟悉"坊间小本平话"为"未能传衣钵"，虽然是调侃，但说明他对英和确有"传衣钵"之心。

严格说来，刘墉与英和的关系已经超越了普通的师生之情。刘墉在英和面前，亲切风趣，完全不似在朝堂上的端谨严峻，以及为人师表的威严端庄。他曾给英和这样的手札："蒙垢自屏，不交宾客，不谈世事，一乐之书。不至于旧交新贵之门，山中养疴而已。"这种随性完全如同老朋友之间的闲聊。而英和对刘墉始终执弟子礼，他所著《恩福堂笔记》和《英刻刘文清公墨迹》互为依托地为后人展现出一个鲜活而丰满的刘墉。

英和家族与刘家的关系并未因刘墉去世而中断。后来，英和与刘墉的侄子刘镮之成为同僚，后者向他展示刘棨请人为刘氏家族发源地所作的《槎河山庄图》，图上已有德保长达三百言的题诗，英和感慨之余，按照其父之韵亦和诗一首，也是琅琅三百言，为槎河山庄以及两个家族的亲密关系再添趣闻。刘喜海刊印《刘文清公遗集》时，独请英和作跋，论资历、论情谊，在当时依旧健在的刘墉故交中，英和都是不二人选。

"玉树两株"的另一株——潘世恩，与刘墉的交往细节如同绝大多数刘墉知交一样，因唱和诗文并未保存而无法复原。不久前，笔者查到潘世恩曾为刘墉收藏的阳明山人铜印题诗。这一方面可知潘世恩也是观赏刘墉金石收藏的座上客，另一方面从其诗文对阳明心学的推崇来看他也是服膺宋学、推崇宋学的，与其座师刘墉可谓志同道合。道光二十一年（1840），潘世恩担任会试正总裁，曾对诸多下属与门生说："我愧师门称玉树，散樗也许作荆柟。"十分谦虚。但话虽如此，事实上，官至军机大臣、大学士，历事四朝的潘世恩在政坛的影响极大，他如此言说，我们一则能看出他的谦谨，二则能看出他对座师刘墉知遇之恩的感激。

刘果、刘统勋、刘墉乃至刘镮之等人识才爱才，对清朝的文化事业乃至政局都起到了积极的作用。道光皇帝要广开言路、举贤任能，刘镮之就向他推举了理学家唐鉴。唐鉴乃一代人杰曾国藩的老师。而我们都知道曾国藩是个在清朝晚期忠心为国的真宰相，称得上有存亡继绝之功。有了他作为国家的中流砥柱，清王朝一度还浮现出中兴的希望。以此视角来看，刘镮之也堪称是真正有功于社稷之人。

结　语　刘罗锅一家离我们有多远

　　宰相刘罗锅的家人、家事、家风，远不止这些，但受本书篇幅的限制，只能暂说至此。在行文即将结束之前，我们不禁会从心底涌出一个问号——刘罗锅一家离我们有多远？换一个说法就是，诸城刘氏这样一个获得了巨大成功的家族对于今天的我们到底有着什么样的启示？

　　辉煌的另一面是不为人知的衰微，曾经的宰相世家现在也只能从电视剧和旧纸堆中来找到一些记载。封建社会最后一个王朝的覆灭，给传统世家大族的存在画上了句号。是的，现代社会已经没有了他们赖以生存的土壤。自鸦片战争之后，相互组合连成一片的老墙门逐渐过时了，代替它的是独门独户的新式住宅。居住格局的改变也在昭示着"家"这个概念已发生了质的变化。过去，封建社会自给自足的自然经济下聚族而居的居住模式已经彻底瓦解了；现在，家庭作为一个独立的社会单元，已经深深地被人们接受并认可了。我们现在有的是家庭，家族的观念已经日渐淡漠了。时代不同，成功的模式也必然不同。诸城刘氏走的是一条"由农而学、学而优则仕"的道路，这很能代表明清时许多大家族的发迹史。而到了今天，社会分工日益精细，人们生活模式变化频率日渐加快，自由的风气弥漫，世家大族的祖居模式与管理模式显然已与这个飞速变化的时代难以对接，因此，过去那些名门望族的种种发家神话不可能被简单复制。违背历史规律，想单纯地克隆诸城刘氏以及其他大家族的成功，无异于刻舟求剑。他们已经安居在历史的深处，与我们有着触不可及的距离。

　　但是，那些大家族都为我们留下了丰厚的遗产，其中有一样是最珍贵的，那就是他们活生生的思想、真切动人的情意，是十几代人凝聚而成的家风，是历万世而不灭的大爱。感受它、接纳它，让它与自己的心融合为一，这样它就会如同火一样传递给我们，让我们也体会到它曾经带给人们的温暖。在诸城刘氏那里，我们看到中国式的古典精神，修身律己，进而报国济民。为人忠厚仁爱，为政则清廉爱民，能处处为他人设想，抛却一己私利。诗书继世、仁德传家，古代中国最典型的文化传统在刘家人身上得到了充分展现。我们如能把握住他们家族家风的精神核心，就能从历史的尘埃中打开人类的精神宝库，携手开创一个更美好的未来。

为此，我们对这些仍可以点燃我们精神生活，提升我们人生境界的刘氏家风的精神核心略加概括，以飨读者：

第一，刘氏世家创始人刘通"不甘人下"的思维模式给我们的启示：无论做什么事业，创始人都要有一颗不甘人下之心。这就意味着首先要立志，在精神世界里站直了，勿趴下。其次，为了实现自己的理想，要敢于付出一般人难以想象的代价。并且，志向与努力一定要相匹配才能获得成功，否则，只会空想而不实干，企图不劳而获，必如水中捞月，一事无成。

第二，一个家族若想兴旺发达，就必须重视道德教化。刘罗锅一家宅心仁厚、道德高尚，非一般家族可比，所以也取得了一般家族无法比拟的成就。可以说，刘家之所以兴旺，其最主要的根基就在道德层面。先不说因果报应，我们仅仅设想一下，就不难得出结论。如果刘氏祖先不仁义、不厚道，其子孙能清廉爱民吗？他们不清廉爱民，就会成为贪官污吏，就有可能被抄家杀头，使整个家族蒙羞，甚至受到株连，招致满门抄斩的恶果，又怎能成为让故乡父老引以为傲的世家望族呢？

第三，重视对后代的教育，培育良好的家风，为治国平天下打好坚实基础。刘家自刘必显开始，制定了严明的家法，杜绝溺爱，在学习和生活上标准很高。"崇惇厚、黜浮华"，除了读书汲古之外，严禁其他世俗不良嗜好，更禁止与社会上不良人士胡乱交往。同时，身教重于言教，其身正，不令而行，其身不正，虽令不行。刘家的长辈都能严格要求自己，以身作则，为后代树立起值得效仿的榜样。

第四，精神上的皈依之处至关重要。刘棨将"清爱堂"作为族人祠堂的牌匾，用意可谓遥深。试想一下，祠堂，作为一个家族最神圣的祭祀场所，每年子弟们都要到此接受一次精神洗礼。祖先的美德和荣耀，引发着子弟感同身受的责任感，一股强大的正能量就会由此蓬勃生起，化育其身心，使其将敬仰之情转化为追踪先人足迹的动力，在精神深处做好报国济民的准备。如今，我们常常感受到国人缺乏道德信仰和人性关怀，对生命价值的尊重和对社会国家的责任感，都亟须唤回。

第五，重视能够"经世致用"的实学，关怀民生。刘氏家族的成员认为学术研究的目的最终是为了有益于世道，不做不识时务的酸腐儒生。刘统勋在水利、刑名方面的非凡成就，刘奎在瘟疫学上的杰出贡献，都极大地改善了人民的生活，功垂后世。民本思想是我国先哲的思想精华，直到现在都仍然发挥着巨大作用。有益于国家治道、人民安居乐业的

学问，理应得到足够的重视。

第六，保持高尚的志趣，真正践行"据于德，依于仁，游于艺"这一古代士人的最佳生活范式。刘氏子弟在政治上均能清廉爱民，在为人上均能谦虚处世，与人为善，在生活情趣上皆摈弃世俗不良嗜好，有着高尚的生活品位。自刘必显始，子弟多擅诗歌创作，刘统勋、刘墉、刘镮之、刘喜海均擅书艺，而刘墉则更是作为一代书法大家而彪炳史册。这些高级趣味，会陶冶人的情操，鼓励人奋勇向上。而低俗、恶俗的东西，则会污染人的心灵，消磨人的斗志，使人堕入万劫不复的深渊。高尚的志趣，高洁的情操，高雅的艺术鉴赏力，毫无疑问，迄今为止，仍是成为一个杰出人才所必备的修养，亦是享有盛誉的大家族的成员不可或缺的素质。

第七，虑事周密，宽厚待人。刘氏家族中从来没有出现过栽赃陷害他人的子弟，对内虑事周密，如"义舍"和"铡刀油锅"的设置，可谓生死之门，尽显家族虑事之周密。对外宽厚待人，在乡里设置义塾，供乡民读书，救济鳏寡穷人毫不吝啬，饥荒时节不顾一切救助难民，仁厚之心感人至深。

以上七条是作者结合刘氏家族的成功经验所概括出来的，当然，每个人读过他们的故事，都会仁者见仁，智者见

智。如果您能将刘罗锅一家的家风含英咀华，领悟透彻，加以辨析，进而融入自己的家庭生活当中去，那么古人的传统美德就将与您结伴而行，您的家庭可能就会更加和睦，孩子可能会更有出息，而您本人，锦绣前程可能就会在您迈开的脚下无限延伸……

附

录

（一）诸城刘氏重要人物世系表

（一世——十一世）

福——恒——玳——思智（庠生）——通（庠生）——必显（进士）

桢（贡生·行一）　果（进士·行二）　棠（进士·行三）　棐（监生·行四）

缙焰（举人·行一）　絿熙（举人·行二）　绶烺（廪生·行三）　綖煜（举人·行四）　统勋（进士·行五）　组焕（荫生·行六）　维焯（举人·行七）　纯炜（进士·行八）　绂焜（举人·行九）　经泰（监生·行十）　继焴（举人·行一）　绪煊（出嗣香后）　繢煌（举人·行三）

奎（监生·行一）　墒（监生·行二）　墉（行一）　堪（进士·行二）　增（行一）　埴（举人·行二）　垲（贡生·行三）　圻（早卒无嗣·行四）　塄（进士·行五）

镮之（进士）

喜海（举人·行一）　华海（举人·行二）

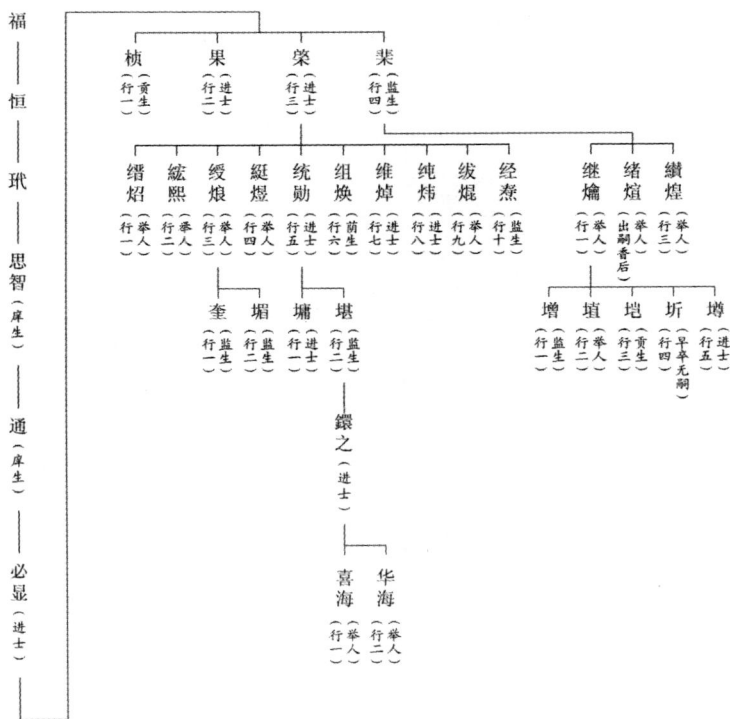

注：刘诗、刘泌两位进士官职太低，故未收录。

（二）诸城刘氏家训

清廉爱民，循良为吏；

积德行善，宅心仁厚；

刻苦向学，科举为重；

虚心抑己，谋事深远；

父严母慈，兄友弟恭；

孝悌为本，意在睦宗；

识才爱才，推贤黜佞；

远离浮华，崇悖尚厚。

编辑主持：方国根　李之美
责任编辑：郭彦辰
版式设计：汪　莹

图书在版编目（CIP）数据

诸城刘氏家风 / 张其凤，屠音鞘 著 . – 北京：人民出版社，2015.11
（中国名门家风丛书 / 王志民　主编）
ISBN 978 – 7 – 01 – 015095 – 6

I. ①诸… II. ①张… ②屠… III. ①家庭道德 – 诸城市
IV. ① B823.1

中国版本图书馆 CIP 数据核字（2015）第 173538 号

诸城刘氏家风
ZHUCHENG LIUSHI JIAFENG

张其凤　屠音鞘　著

人民出版社 出版发行
（100706　北京市东城区隆福寺街 99 号）

北京汇林印务有限公司印刷　新华书店经销

2015 年 11 月第 1 版　2015 年 11 月北京第 1 次印刷
开本：880 毫米 × 1230 毫米 1/32　印张：8
字数：135 千字

ISBN 978 – 7 – 01 – 015095 – 6　定价：26.00 元

邮购地址 100706　北京市东城区隆福寺街 99 号
人民东方图书销售中心　电话（010）65250042　65289539